ZEITSCHRIFT FÜR ANGEWANDTE GEOLOGIE

HERAUSGEGEBEN VON

DER STAATLICHEN GEOLOGISCHEN KOMMISSION

UND DER ZENTRALEN VORRATSKOMMISSION

DER DEUTSCHEN DEMOKRATISCHEN REPUBLIK

AUS DEM INHALT

AKADEMIE-VERLAG · BERLIN

BAND 4 / HEFT 10

OKTOBER 1958

SEITE 449—496

INHALT

Die ZEITSCHRIFT FÜR ANGEWANDTE GEOLOGIE berichtet ständig ausführlich über folgende Arbeitsgebiete: Geologische Grundlagenforschung und Lagerstättenforschung / Methodik der geologischen Erkundung / Ökonomie und Planung der geologischen Erkundung / Technik der geologischen Erkundung / Geologie und Lagerstättenkunde im Ausland / Bibliographie, Verordnungen, Richtlinien, Konferenzen, Personalnachrichten

Die ZEITSCHRIFT FÜR ANGEWANDTE GEOLOGIE ist kein Organ einer engen Fachgruppe. Auf ihren Seiten können alle strittigen Fragen der praktischen Geologie behandelt werden. Die Autoren übernehmen für ihre Aufsätze die übliche Verantwortung.

Herausgeber: Staatliche Geologische Kommission und Zentrale Vorratskommission für mineralische Rohstoffe der Deutschen Demokratischen Republik. Chefredakteur: Prof. Dr. Erich Lange, Berlin. Redaktion: Berlin N 4, Invalidenstraße 44. Verlag: Akademie-Verlag GmbH, Berlin W 8, Mohrenstraße 39 (Fernsprecher 200386, Postscheckkonto: Berlin 35021). Bestell- und Verlagsnummer des Heftes: 1047/4/10. Die „Zeitschrift für angewandte Geologie" erscheint monatlich. Bezugspreis 2,– DM je Heft. — Satz und Druck: Druckhaus „Maxim Gorki", Altenburg. Veröffentlicht unter der Lizenznummer ZLN 5008 des Ministeriums für Kultur, Hauptverwaltung Verlagswesen. Karten: MdI. der DDR Nr. 4273, 4323, 4351 / K 11. Printed in Germany.

Neun Jahre
Deutsche Demokratische Republik

Die Geologen der Deutschen Demokratischen Republik beglückwünschen den Präsidenten unseres ersten Arbeiter- und Bauernstaates WILHELM PIECK und die Regierung der Deutschen Demokratischen Republik zum Gründungstag unseres jungen Staates und zu den großen Erfolgen beim Aufbau des Sozialismus.

Wir geloben, unsere ganze Kraft einzusetzen für den weiteren Aufbau des Sozialismus, für die Festigung und Stärkung unserer Arbeiter- und Bauernmacht, für die Erhaltung des Friedens und für ein einheitliches, friedliebendes, demokratisches Deutschland.

Berlin, den 7. Oktober 1958

ZEITSCHRIFT FÜR ANGEWANDTE GEOLOGIE

CHEFREDAKTEUR: PROF. DR. E. LANGE

BAND 4 · OKTOBER 1958 · HEFT 10

Eindrücke vom V. Parteitag der SED in Berlin

EBERHARD KAUTZSCH, Berlin

In der Zeit vom 10. 7. bis 16. 7. 1958 hielt die Sozialistische Einheitspartei Deutschlands ihren V. Parteitag in Berlin ab. Dieses höchste Gremium der SED, an welchem 1648 Delegierte mit beschließender Stimme und 603 Delegierte mit beratender Stimme teilnahmen, setzte sich mit überwiegender Mehrheit aus Vertretern der sozialistischen Betriebe der Industrie und dem sozialistischen Sektor der Landwirtschaft zusammen. Außerdem nahmen zum ersten Male Genossen aus Handwerksbetrieben, Genossenschaften und Betrieben mit staatlicher Beteiligung an den Beratungen des Parteitages teil. Desgleichen war auch eine stärkere Delegierung von Genossenschaftsbauern zum Parteitag zu verzeichnen.

Das Programm des Parteitages war so abgestimmt, daß hier die dringendsten Fragen zum Aufbau des Sozialismus in seiner ersten Stufe beraten werden sollten. Hierbei wurde in dem grundlegenden Referat des 1. Sekretärs des Zentralkomitees der Sozialistischen Einheitspartei Deutschlands, WALTER ULBRICHT, zum Ausdruck gebracht, daß es vor allem darauf ankomme, die wirtschaftliche Überlegenheit des sozialistischen Systems gegenüber dem kapitalistischen unter Beweis zu stellen und innerhalb weniger Jahre den Pro-Kopf-Verbrauch an den wichtigsten Konsumgütern in der Deutschen Demokratischen Republik gegenüber dem in Westdeutschland zu erreichen und zu übertreffen. Das bedeutet nach den Ausführungen von WALTER ULBRICHT und anderen Delegierten einen weiteren Ausbau der Grundstoffindustrie und vor allem die rasche Entwicklung der internationalen Arbeitsteilung und die planmäßige Zusammenarbeit innerhalb des gesamten sozialistischen Lagers. Dabei soll vor allem die chemische Industrie um mehr als 60% gesteigert werden, auch werden große Anstrengungen gemacht, Rohstoffe aus dem heimischen Boden auf den verschiedensten Gebieten in verstärktem Maße nutzbar zu machen.

Darüber hinaus müssen wir die Einfuhr von wichtigen Rohstoffen erheblich erhöhen. So erfährt Erdöl 1965 eine Einfuhrsteigerung gegenüber 1957 von 1,040 Mio t auf 4,8 Mio t, Kupfer von 15000 t auf 43000 t, Aluminium von 18000 t auf 85000 t. Auch die Einfuhr vieler anderer Rohstoffe, die aus dem heimischen Boden nicht zur Verfügung gestellt werden können, muß erhöht werden. Dies bedeutet, daß wir zum Export neben Fertigerzeugnissen auch Grundstoffe, wie z. B. Kalisalze, im verstärkten Maße bereitstellen müssen.

Diese mit wenigen Worten im Vorstehenden geschilderten Aufgaben der Grundstoffindustrie erfordern auch eine verstärkte Anstrengung für die geologischen Erkundungsarbeiten auf den verschiedensten Sektoren. So muß nicht nur eine verstärkte Ausnutzung der heimischen Rohstoffquellen für die Erzeugung von Kupfer, Nickel, Zink und anderen Metallen erreicht werden, sondern es muß auch die Untersuchung des Bodens der Deutschen Demokratischen Republik nach seltenen Elementen erweitert werden.

Gleichzeitig findet neben einer Abstimmung der Produktion zwischen der Sowjetunion und der Deutschen Demokratischen Republik eine verbesserte Zusammenarbeit der Forschung beider Länder statt. Die wissenschaftliche Forschungsarbeit muß deshalb sehr weitgehend mit den gestellten Aufgaben abgestimmt, vorbereitet und durchgeführt werden. Der Leiter des Forschungsrates bei der Regierung der Deutschen Demokratischen Republik, Professor Dr. THIESSEN, hob auf dem V. Parteitag besonders hervor, daß das Zusammenwirken von Arbeiten theoretischer, experimenteller, entwicklungs- und verfahrenstechnischer Art besonders wichtig sei. In bezug auf die geologische Grundlagenforschung und die angewandte Geologie, insbesondere die Lagerstättenforschung auf den verschiedensten Zweigen der Mineralerkundung, bedeutet dies ebenfalls eine sinnvolle aufeinander abgestimmte Organisation. Entsprechend den richtungsweisenden Ausführungen von Professor THIESSEN stehen auch auf dem Sektor der Geologie die Aufgaben und Probleme der Grundlagenforschung und die Aufgaben der angewandten Geologie mit der direkten Lagerstättenerkundung in engstem Zusammenhang. Sie sind nicht voneinander zu trennen, eins gehört zum andern. Die neuesten Erkenntnisse der Grundlagenforschung müssen möglichst rasch für die Lagerstättensuche bereitgestellt werden. Die Erfahrung dabei hat gelehrt, daß Planung, Bildung von Schwerpunkten und Gemeinschaftsarbeit diese Zusammenhänge am besten klären können, da sie gleichzeitig der natürlichen Gesetzlichkeit der Forschung und dem volkswirtschaftlichen Bedürfnis genügen. „Beides muß zusammenpassen wie Schlüssel und Schloß, eins ist ohne das andere nicht möglich."

Professor THIESSEN sagte weiterhin, es sei ein Irrtum anzunehmen, daß die geistige Schöpferkraft, die Initiative oder die Genialität der Menschen verkümmern würden, wenn sie sich den praktischen Aufgaben zuwenden. „Die Berührung mit der Praxis ist wie die Berührung mit der Erde." Es ist nur notwendig, Kopf, Hirn und Herz dafür zu öffnen. „Die Produktion ist vom Ganzen abhängig, von dem Betrag, der in ihr steckt."

Angewendet auf die geologische Forschung ist festzustellen, daß der Grad an Wissenschaftlichkeit, mit dem man an die Erkundung zum Nachweis von Bodenschätzen herangeht, mit ein Maß für den zu erwartenden Erfolg ist. Sehr wesentlich für die Durchführung dieser Arbeit und die Erreichung der hochgesteckten Ziele ist neben der Anwendung der rein wissenschaftlichen Methoden auch der Einsatz der modernsten Erkundungsmittel. Hierbei kommt der Geophysik eine besondere Aufgabe zu, zumal speziell bei uns die modernsten geophysikalischen Erkundungsverfahren angewendet werden sollten. Der Grund dafür ist, daß der Boden der Deutschen Demokratischen Republik oberflächennahe bereits in sehr weitgehendem Maße erforscht ist, und daß wir unsere Forschung durch Anwendung neuer Erkundungsmethoden immer stärker in unbekannte Tiefen hinab ausdehnen müssen. Es ist zweifellos so, daß hierzu ein sehr großes Maß von Optimismus notwendig ist. Es war bezeichnend für den Geist, der auf dem V. Parteitag herrschte, daß dort aus allen Diskussionsreden ein solcher ungebrochener Optimismus zu verspüren war. Es ist unsere Aufgabe, uns diesen Geist, wie ihn zum Beispiel Ministerpräsident OTTO GROTEWOHL mit den folgenden Worten ausdrückte, bei unserer geologischen Arbeit der Lagerstättenerkundung zu eigen zu machen: „Tragt den Optimismus, tragt die Begeisterung und tragt die revolutionäre Tatkraft, die unseren Parteitag erfüllten, in die Herzen aller arbeitenden Menschen.“ Dazu ist erforderlich, daß die Möglichkeiten des Aufsuchens von neuen Lagerstätten im einzelnen sehr sorgsam abgewogen werden, und daß dann die Erkundungsarbeit mit möglichst massiertem, auf Schwerpunkte beschränktem Einsatz der vorhandenen wissenschaftlichen und technischen Mittel durchgeführt wird.

Wenn das mit der nötigen Klarheit und mit dem nötigen Optimismus geschieht, kann es am Erfolg nicht fehlen.

Die Diamanten Sibiriens

Die nachfolgende Arbeit wurde dem gleichnamigen Werk entnommen, das 1957 vom Ministerium für Geologie und Lagerstättenschutz im Gosgeoltechistat (Wissenschaftlich-Technischer Staatsverlag für Literatur auf dem Gebiet der Geologie und des Lagerstättenschutzes) herausgegeben wurde. Verfasser des Buches sind die Geologen der Amakinsker Expedition, welche die Diamantvorkommen der Jakutischen ASSR erschlossen: A. P. BOBRIJEWITSCH, M. N. BONDARENKO, M. A. GNEWUSCHEW, N. W. KIND, B. J. KORESCHKOW, N. A. KURYLEWA, S. D. NEFEDOWA, L. A. POPUGAJEWA, J. C. POPOWA, W. D. SCHULSKIJ, G. I. SMIRNOW, P. K. JURKEWITSCH, G. CH. FAINSTEIN und W. N. SCHTSCHUKIN. Die wissenschaftliche Redaktion lag in den Händen von A. P. BUROW und W. S. SOBOLEW.

In der Übersetzung bringen wir das unwesentlich gekürzte Vorwort sowie den Teil des Buches, der ausführlich die Geologie des diamantführenden Gebietes und die geologischen Verhältnisse der Durchschlagsröhren behandelt. Wir sind der Meinung, daß die ausführliche Darstellung sowie die verschiedenen Karten das Interesse aller Geologen finden werden, da bisher auf dieses Gebiet noch nicht so detailliert eingegangen wurde. Aus technischen Gründen müssen wir aber auf die Wiedergabe der beigegebenen farbigen geologischen Karte im Maßstab 1 : 500000 verzichten.

In den nächsten Heften unserer Zeitschrift informieren wir unsere Leser durch Referate und Übersetzungen über die Petrographie und Mineralogie der Kimberlite dieses Gebietes, über die Mineralogie der sibirischen Diamanten sowie über die Diamantseifen. Die beim Aufsuchen der Diamantlagerstätten angewandte Methodik wird ebenfalls dargestellt werden.

Die Redaktion

Der Diamant weist innerhalb aller bekannten Mineralien und künstlichen Legierungen die größte Härte auf. Die unübertroffene Härte der Diamanten und ihre Stabilität gegenüber chemischen Reagenzien sowie ihre Verschleißfestigkeit führten zu einer weitgehenden Anwendung in der Technik. Der Diamant gehört zu den Edelsteinen erster Klasse.

Heute ist es schon schwierig, einen Industriezweig zu finden, in dem in diesem oder jenem Maße keine Diamanten benutzt werden. Besonders weitgehend werden sie in der Metallbearbeitungs-, Steinschneide- und Schleifindustrie sowie beim Bohren harter Gesteine angewandt. Die Verwendung der Diamanten beschleunigt die Produktionsprozesse um ein Vielfaches, erhöht die Qualität der Produktion und die Maßgerechtheit der Erzeugnisse. Trotz der großen, bei der Herstellung harter und superharter Legierungen erreichten Erfolge wächst der Bedarf der Industrie an Diamanten von Jahr zu Jahr.

Im Zusammenhang mit der Vergrößerung der Nachfrage nach technischen Diamanten wächst auch ihre Produktion im Weltmaßstab, die zu Beginn des Zweiten Weltkrieges (1940) über 14,4 Millionen Karat betrug. Im Kriege sank die Diamantgewinnung auf 9—11 Millionen Karat, erreichte aber 1949 wieder das Vorkriegsniveau. In den letzten fünf Jahren war ein besonders schnelles Wachstum der Diamantgewinnung zu beobachten. Im Jahre 1954 erreichte in der gesamten Welt die Diamantgewinnung 20,4 Millionen Karat, wovon 16,8 Millionen Karat, d. h. etwa 82%, als technische Diamanten Verwendung finden.

Die angeführten Zahlen beweisen genügend anschaulich, welche große Bedeutung die technischen Diamanten in den letzten Jahren gewannen; auch die sowjetische Industrie leidet daran einen akuten Mangel.

Die im Ural entwickelte Rohstoffbasis für Diamanten kann infolge des geringen Gehaltes der Seifen nicht die Entfaltung einer großen Diamantgewinnungsindustrie gewährleisten. Die auf den Lagerstätten der westlichen Abdachung des Mittelural in den Jahren 1941—1944 organisierte Diamantgewinnung weist bisher einen geringen Umfang auf und kann die Bedürfnisse der sowjetischen Industrie an technischen Diamanten nicht befriedigen. Die Einfuhr von Diamanten aus dem Ausland ist stark erschwert durch die Hindernisse, welche die den Weltdiamantenmarkt kontrollierenden kapitalistischen Länder verursachen. Daher ist die Verwendung technischer Diamanten in der UdSSR beschränkt. Viele Industriezweige der UdSSR erhalten überhaupt keine Diamanten, sie arbeiten mit Ersatzstoffen. Insbesondere wurden alle Bohrarbeiten praktisch auf Ersatzmaterialien umgestellt.

Nach vorläufigen Berechnungen kann allein eine jährliche Einsparung von einigen Hundert Millionen Rubel erzielt werden, wenn das Ministerium für Geologie und Lagerstättenschutz der UdSSR und das Ministerium für Buntmetallurgie der UdSSR bei ihrem Bohrprogramm zum Diamantbohren übergehen. Einen noch größeren Effekt liefert die Umstellung in der Metallbearbeitungs-, Werkzeugmaschinen-, Gerätebau- und Schleifindustrie auf Diamanten.

In Zusammenhang mit den großen Aufgaben zur weiteren Entwicklung der Volkswirtschaft und zur Erhöhung der Arbeitsproduktivität, die vom 20. Parteitag der KPdSU für den sechsten Fünfjahrplan gestellt wurden, wird die Versorgung der Industrie mit sowjetischen Diamanten zu einem wichtigen Problem von staatlicher Bedeutung.

In den Jahren 1954/55 wurden in der Jakutischen ASSR reiche Diamantseifen und primäre Diamantlagerstätten entdeckt, die nach dem Diamantinhalt mit den in Abbau befindlichen Lagerstätten des Auslandes, darunter auch den Lagerstätten Südafrikas, in eine Reihe gestellt werden können.

Die großen Perspektiven der Diamantführung der Sibirischen Tafel, die durch die Arbeiten der letzten Jahre und besonders der Jahre 1955/56 festgestellt wurden, gewährleisten die Möglichkeit, in der Jakutischen ASSR eine Diamantgewinnungsindustrie in einem Umfang zu organisieren, welcher den Bedarf der UdSSR an technischen Diamanten völlig befriedigt.

Das Buch „Die Diamanten Sibiriens", das vom Geologenkollektiv der Amakinsker Expedition der Hauptverwaltung Geologie des Urals und Sibiriens des Ministeriums für Geologie und Lagerstättenschutz der UdSSR zusammengestellt wurde, berücksichtigt die neuesten Unterlagen, die sich bei der Untersuchung der Diamantführung der Sibirischen Tafel ergaben, einschließlich der im Jahre 1955 ermittelten Ergebnisse. In diesem Buch werden zum erstenmal die auf dem Territorium der Jakutischen SSR entdeckten primären Diamantlagerstätten beschrieben; ausführlich werden Petrographie und Mineralogie der Kimberlite sowie Kristallographie und Mineralogie der Diamanten behandelt. In dieser Arbeit werden auch die Diamantseifen des Wiljui-Beckens charakterisiert und die geologischen Arbeiten zur Erkundung von Diamanten unter den Verhältnissen der Sibirischen Tafel beschrieben.

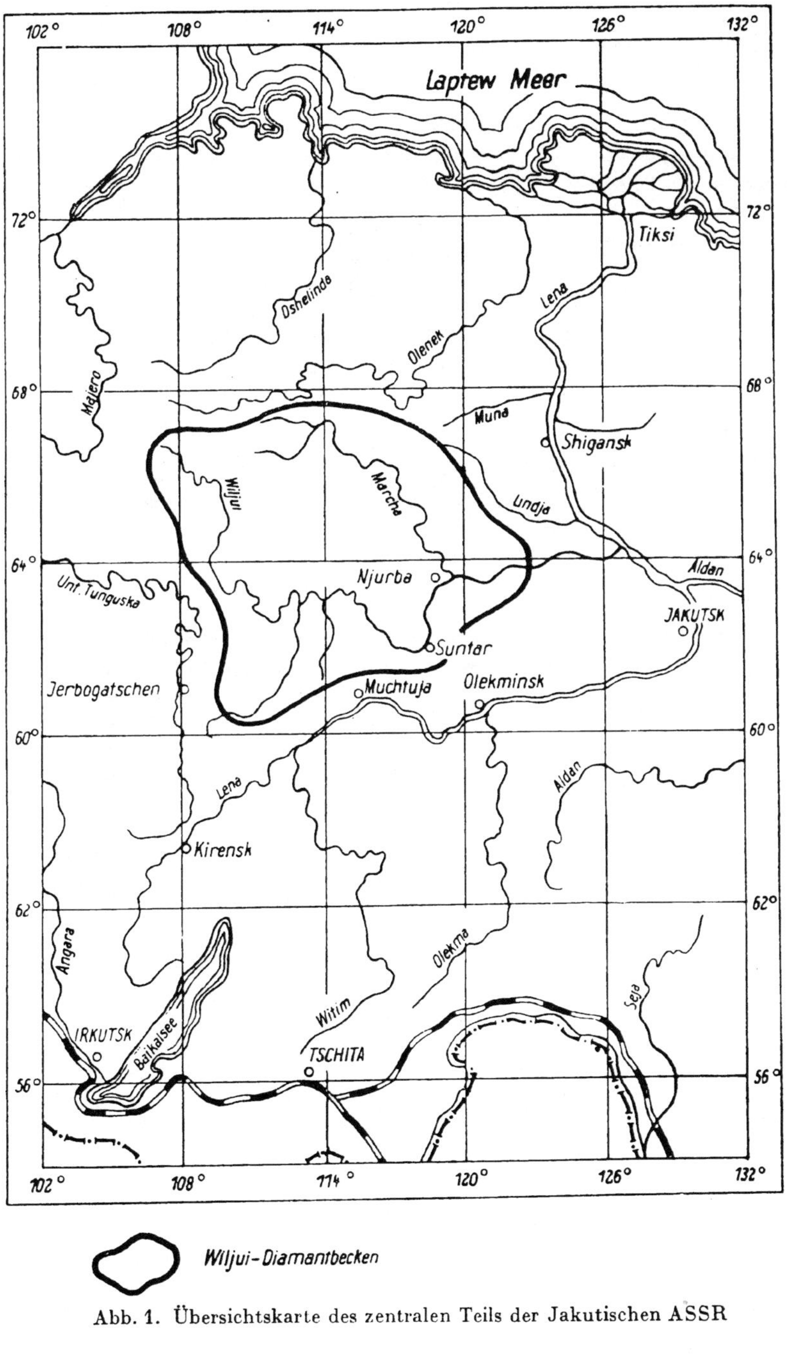

Abb. 1. Übersichtskarte des zentralen Teils der Jakutischen ASSR

I. Geologie der primären Diamantlagerstätten des Wiljui-Beckens

Der Wiljui-Diamantbezirk (Abb. 1) liegt im Nordwesten der Jakutischen ASSR. Er umfaßt das Becken des Flusses Wiljui und der folgenden großen Nebenflüsse: Marcha, Tjung, Ygyatta, Achtaranda, Bolschaja und Malaja Batuobija. Die Gesamtfläche des Diamantbezirks beträgt über 300000 km².

In der letzten Zeit wurden die Grenzen dieses Bezirkes weit nach Norden vorgeschoben. Eine abbauwürdige Diamantführung wurde in den Becken der Flüsse Muna und Olenek festgestellt.

Das Wiljui-Diamantbecken liegt strukturell im Zentralteil der Sibirischen Tafel an einer Stelle, wo mehrere große verschiedenaltrige Strukturen zusammenstoßen. Es handelt sich hierbei um die unterpaläozoische Anabar-Anteklise, die unterpaläozoische Angara-Lena-Senke, die oberpaläozoische Tunguska-Syneklise und die mesozoische Wiljui-Syneklise[1]). Dadurch

[1]) Bezeichnungen der Strukturen nach N. S. SCHATSKIJ und N. S. SAIZEW (1954).

wird die räumliche Verteilung der in diesem Territorium auftretenden paläozoischen und mesozoischen Gesteine bestimmt.

Der gesamte nördliche Teil des zur Südflanke der Anabar-Anteklise gehörenden Gebietes besteht vorwiegend aus oberkambrischen und unterordovizischen Sedimenten, die sehr flach nach Südwesten, d. h. nach der Tunguska-Syneklise, einfallen, wo sie allmählich in mittel- und oberordovizische und untersilurische Schichten übergehen.

Nördlich von diesem Gebiet in Richtung zum Zentrum des Anabar-Massivs streichen ältere Sedimente des Unter- und Mittelkambriums und des oberen Proterozoikums aus.

Die oben erwähnten, fast nicht dislozierten Sedimente des Unterpaläozoikums und Oberproterozoikums lagern mit großem Hiatus und Winkeldiskordanz auf gefaltetem altem Präkambrium, das den Sockel der Tafel bildet. Die Gesamtmächtigkeit der oberproterozoischen und unterpaläozoischen Schichten (vom Rif bis einschließlich Silur) oder, was dasselbe ist, die Lagerungstiefe des kristallinen Sockels liegt nach Angaben von N. S. SAIZEW in der Größenordnung von 1500—2000 m.

Nach Süden geht das Gebiet der unterpaläozoischen Schichten der Anabar-Abdachung, sich verengend, in den nordöstlichen Teil der unterpaläozoischen Angara-Lena-Senke über, innerhalb derer eine Anzahl großer positiver und kleinerer negativer Strukturen und kuppelförmiger Bildungen zu verzeichnen ist.

Im Westen und Nordwesten wird diese Senke durch den Rand der Tunguska-Syneklise begrenzt, die aus geringmächtigen sedimentären und tuffogenen Gesteinen des Oberpaläozoikums und Untermesozoikums, intrudierten lagerförmigen und durchgebrochenen Trappkörpern besteht.

Nach Osten und Südosten tauchen die Gesteine des unteren Paläozoikums unter die kontinentalen unterjurassischen Schichten ab, die den randlichen Teil der Wiljui-Syneklise und die flache mesozoische Tunguska-Wiljui-Senke bilden. Die unterjurassischen Schichten sind hier nicht über 100 m mächtig. Nach Osten zu, d. h. in Richtung zum Zentrum der Wiljui-Syneklise, werden die unterjurassischen Gesteine durch immer jüngere mesozoische Schichten abgelöst, deren Mächtigkeit in dieser Richtung allmählich zunimmt. Der zentrale Teil der Wiljui-Syneklise besteht bereits aus Kreidesedimenten. Nach den letzten Angaben beträgt die Gesamtmächtigkeit aller mesozoischen Schichten über 3000 m.

Die basischen Eruptivgesteine des Trapp-Komplexes tendieren zum Rand der Tunguska-Syneklise; sie sind an eine Zone von Tiefenbrüchen gebunden, die an Zerrungsstellen der Erdkruste an den Grenzen der Tunguska-Syneklise und der umgebenden unterpaläozoischen Strukturen entstanden sind. Die Hauptphase des Trapp-Vulkanismus lag in der Trias.

Hinsichtlich des Alters liegt also eine Analogie zwischen den sibirischen Trapps und den Doleriten der Karroo Südafrikas vor; dieser Umstand betont die ähnliche geologische Entwicklung dieser beiden großen präkambrischen Tafeln und der damit verbundenen Diamantprovinzen.

Diese Ähnlichkeit wird dadurch verstärkt, daß auf der Sibirischen Tafel originelle Alkalibasalte auftreten, die den Basalten ähneln, welche die Kimberlite Südafrikas begleiten; dies diente auch als Grundlage für entsprechende Prognosen.

Zum gegenwärtigen Zeitpunkt sind auf der Sibirischen Tafel schon ganz zuverlässig Kimberlite nachgewiesen, die hinsichtlich Petrographie und Lagerungsverhältnissen den Kimberliten Südafrikas völlig analog sind.

Diese Gesteine sind an Strukturen gebunden, die sich senkrecht in die Tiefe fortsetzen und unter der Bezeichnung „Durchschlagsröhren" bekannt sind. Die Kimberlite, welche die Röhren ausfüllen, sind das Muttergestein sowohl für die südafrikanischen als auch für die sibirischen Diamanten.

Kimberlitröhren im Wiljui-Diamantbezirk wurden in zwei Rayons entdeckt, die voneinander mehrere hundert Kilometer entfernt sind: im Süden handelt es sich um den Rayon an der Malaja Batuobija, im Norden um den Rayon Daaldynsk. Beide Rayons liegen am Rande der Tunguska-Syneklise in einem Gebiet mit fast durchgängigem Auftreten ordovizischer karbonatischer Gesteine, das unmittelbar an die Zone der maximalen Verbreitung der Trapps anschließt.

Im folgenden beschreiben wir den geologischen Bau der erwähnten Rayons und die Geologie der Kimberlitpipes.

Der geologische Bau des Gebiets an der Malaja Batuobija

Administrativ gehört dieses Territorium zum Rayon Suntar der Jakutischen ASSR.

Dieser Rayon liegt im Becken des Flusses Malaja Batuobija, eines großen rechten Nebenflusses des Flusses Wiljui, innerhalb des Mittelsibirischen Berglandes, an der Grenze zur Lena-Wiljui-Niederung.

Das Malaja Batuobija-Becken liegt am Kontakt zweier großer, verschiedenaltriger Struktureinheiten, nämlich der oberpaläozoischen Tunguska-Syneklise und der mesozoischen Wiljui-Senke. Dadurch wird der uneinheitliche und komplizierte geologische Bau dieses Territoriums bestimmt (Abb. 2).

Die Basis des Profils bilden gipsführende bunte Mergel, die zur Wercholena-Serie des Oberkambriums gehören. Sie sind ganz gering verbreitet, und sie streichen an einigen Punkten in den Kernen der steilen Brachyantiklinalfalten aus. Die Schichten der Wercholena-Serie gehen allmählich in eine mächtige Folge (bis 200 m) sandig-karbonatischer und tonig-karbonatischer Gesteine über, die von den meisten Geologen zur Ustj-kut-Serie des unteren Ordoviziums gerechnet werden. Diese Gesteine sind sehr weit verbreitet und die wichtigsten im geologischen Profil dieses Rayons. Die unteren Teile der Folge werden durch eine Wechsellagerung massiger und plattiger Dolomite und Kalksteine einerseits und bunter Mergel andererseits gekennzeichnet. Im oberen Teil des Profils herrschen sandig-karbonatische Gesteine vor. Auf der erodierten Oberfläche des Unterpaläozoikums liegen sandige Schichten vermutlich karbonischen Alters (Emjaksa-Serie), die nur an einem Punkt aufgeschlossen sind, und kontinentale sandig-tonige Schichten der produktiven Serie des Unterperms, die sich auch in Form geringer Vorkommen im Nordwesten des Territoriums erhalten haben.

Ihre Mächtigkeit geht nicht über einige Dutzend Meter hinaus. In manchen Bereichen werden die Gesteine der produktiven Serie von geringmächtigen (10 bis 20 m) tuffogenen Bildungen überdeckt (Tuffe, Tuffsandsteine, Tuffkonglomerate), die zu einer oberpermisch-untertriassischen Tuffserie gehören. Der Charakter ihres

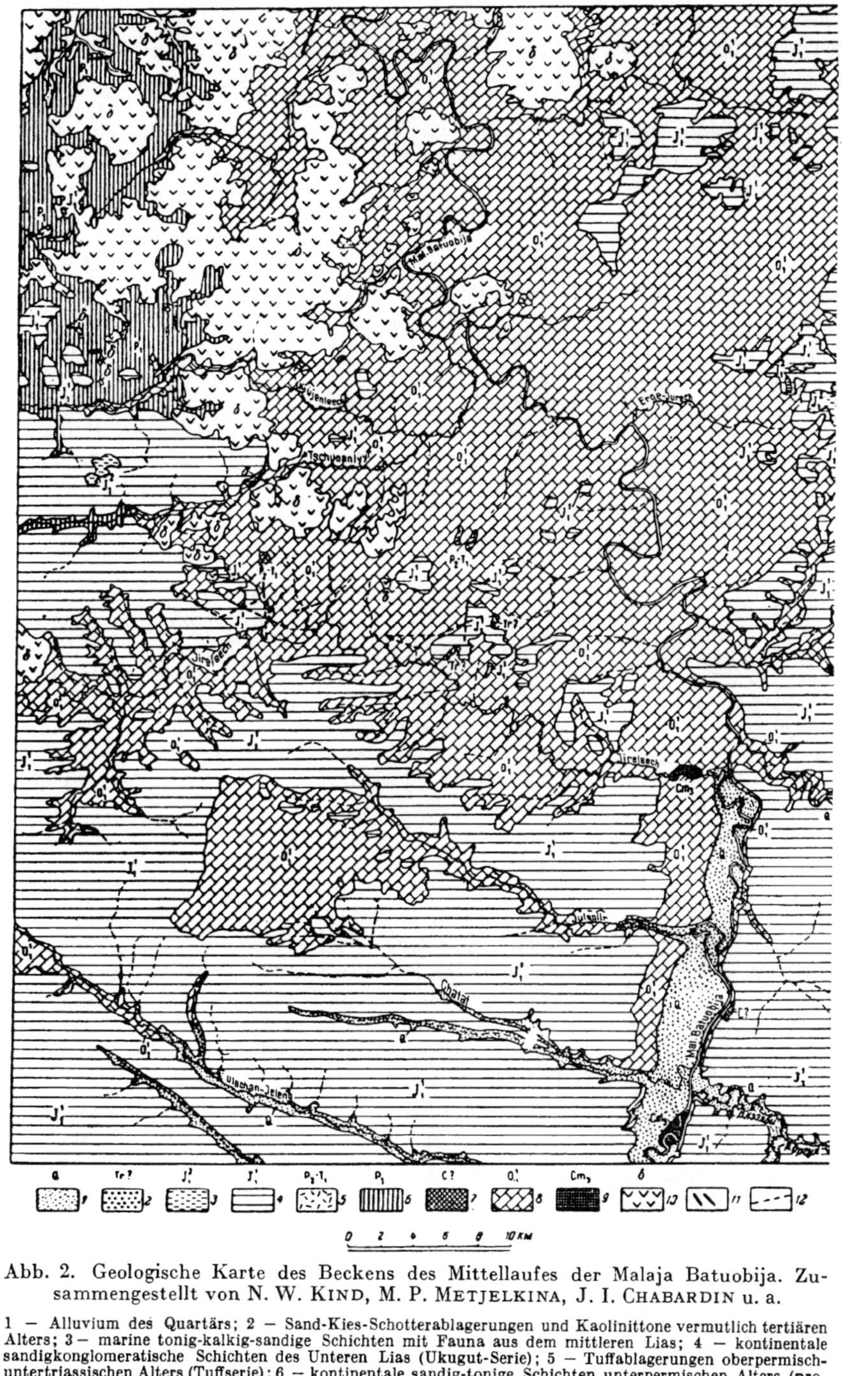

Abb. 2. Geologische Karte des Beckens des Mittellaufes der Malaja Batuobija. Zusammengestellt von N. W. KIND, M. P. METJELKINA, J. I. CHABARDIN u. a.

1 — Alluvium des Quartärs; 2 — Sand-Kies-Schotterablagerungen und Kaolinittone vermutlich tertiären Alters; 3 — marine tonig-kalkig-sandige Schichten mit Fauna aus dem mittleren Lias; 4 — kontinentale sandigkonglomeratische Schichten des Unteren Lias (Ukugut-Serie); 5 — Tuffablagerungen oberpermisch-untertriassischen Alters (Tuffserie); 6 — kontinentale sandig-tonige Schichten unterpermischen Alters (produktive Serie); 7 — sandige Schichten vermutlich karbonischen Alters (Emjaksa-Serie); 8 — sandig-karbonatische und tonig-karbonatische Schichten des Unteren Ordoviziums (Ustj-Kut-Serie); 9 — rote gipsführende Schichten des Oberen Kambriums (Wercholena-Serie); 10 — Schichtintrusionen der Trapps; 11 — Trappdykes; 12 — tektonische Linien.

folgen. Innerhalb der diskordant lagernden Körper treten am häufigsten Dykes, seltener Intrusionen unregelmäßiger Form auf. Die Dykes sind sowohl in der Zone der stärksten Verdichtung der Trapps im Nordwesten des Territoriums als auch außerhalb dieser Zone, wo sie sich in den ordovizischen Gesteinen verfolgen lassen, verbreitet. Die Hauptmenge der Diabase intrudierte offensichtlich während der Trias, da die Diabase sowohl in die unterpaläozoischen Gesteine als auch in die produktive(P_1) und in Tuffserie (P_2—T) intrudierten.

Das Mesozoikum ist vertreten durch Sandsteine und Konglomerate des unteren Lias (Ukugut-Serie), die auf der erodierten Oberfläche aller bereits erwähnten alten Sedimente und Eruptiva liegen. Die unterjurassischen Schichten sind im Süden des Rayons am weitesten verbreitet; sie erfüllen hier eine flache Senke, die sich fast in Ostwestrichtung von der Unteren Tunguska zum Wiljui-Becken hinzieht, wo sie mit dem randlichen Teil der Wiljui-Senke verschmilzt. Die Mächtigkeit der Sandstein-Konglomerat-Schichten der Ukugut-Serie nimmt nach dem Achsenteil der Senke allmählich zu und erreicht hier 100m. Im Randteil der Senke sind die jurassischen Schichten erodiert und nur in Form einzelner Inseln erhalten. Ihre Mächtigkeit beträgt hier nur 20—25 m.

Auf den kontinentalen Schichten des unteren Lias liegen konkordant litoral-marine tonig-kalkig-sandige Schichten des mittleren Lias, die an sehr beschränkten Stellen vor der Erosion bewahrt blieben. Ihre Mächtigkeit beträgt nicht mehr als 10—12 m.

Kontakts mit den unterpermischen Schichten ist nicht klar.

In die Ablagerungen des unteren und mittleren Paläozoikums intrudierten basische Eruptiva des Trapp-Komplexes, vertreten durch einförmig zusammengesetzte fein- und mittelkristalline Olivindiabase. Am meisten verbreitet sind lagerförmige Intrusionen, die im Nordwesten eine Mächtigkeit von etwa 100 m erreichen. Nach Südosten zu nimmt die Mächtigkeit ab; am Oberlauf des Flusses Malaja Batuobija sind diese Intrusionen bereits überhaupt nicht mehr zu ver-

Zum Känozoikum (?) gehören die alten Sand-Kies-Geröllablagerungen und die Kaolintone von vermutlich tertiärem Alter. Sie wurden 1955 nur im Becken des Mittellaufes des Flusses Iireleech nachgewiesen, wo sie sich als kleine Inseln im Zwischenstromgebiet erhielten, das aus karbonischen Gesteinen der ordovizischen Ustj-kut-Serie besteht. Es bleibt künftigen Untersuchungen vorbehalten, eine mögliche weitere Verbreitung dieser Schichten zu erforschen.

Im Rayon sind quartäre eluviale, deluvial-solifluktionäre und limnisch-moorige Ablagerungen der

Zwischenstromgebiete und der Oberläufe der Flüsse stark vertreten, ebenso sandig-schotterige rezente (Flußbett-) und alte (Terrassen-) Ablagerungen des Alluviums in den Tälern der großen Flüsse.

Die unterpaläozoischen, mittelpaläozoischen und mesozoischen Gesteine, ebenso die magmatischen Gesteine des Trapp-Komplexes sind ungleichmäßig verbreitet. Ihr Auftreten ist an bestimmte Gebiete oder Zonen gebunden, die sich in nordwestlicher Richtung erstrecken und dem Generalstreichen der Strukturen dieses Teils der Sibirischen Tafel untergeordnet sind.

Beim Aufbau des Nordwestteiles des Malaja Batuobija-Beckens spielen die Trapps, welche in die unter- und oberpaläozoischen Gesteine intrudierten, die Hauptrolle. Südöstlich der Trappzone liegt ein Gebiet, in dem ordovizische Gesteine auftreten; es gibt hier einzelne Bereiche, die diskordant von jüngeren unterpermischen und unterjurassischen Schichten überdeckt werden. Schließlich besteht der ganze südliche und südöstliche Teil des Beckens aus kontinentalen Ablagerungen des unteren Juras, mit wenigen Bereichen, die von litoral-marinen jurassischen Sedimenten bedeckt sind.

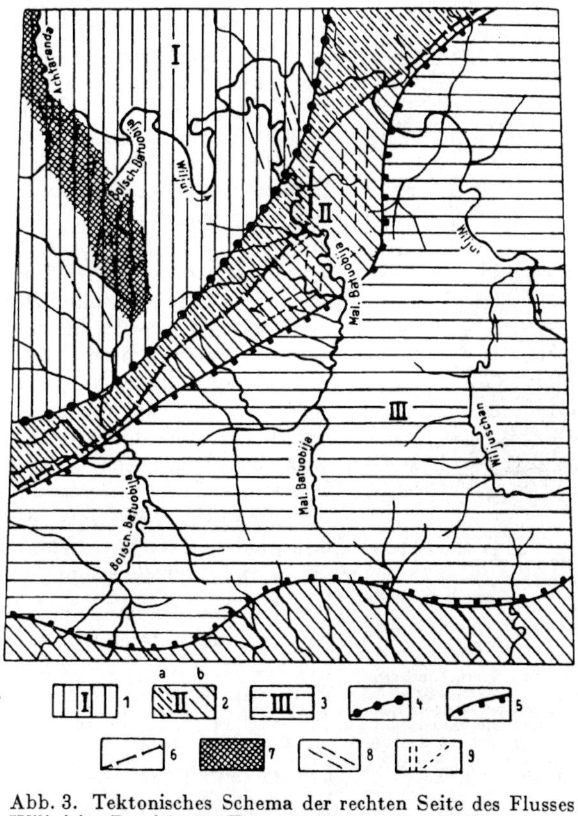

Abb. 3. Tektonisches Schema der rechten Seite des Flusses Wiljui im Bereich der Flüsse Achtaranda und Wiljutschan. Zusammengestellt von N. W. KIND

1 – Südostrand der Tunguska-Syneklise, der mit dem Gebiet zusammenfällt, in dem die produktive Serie des Unteren Perms maximal auftritt (I); 2 – Gebiet einer relativen Hochlage des Unterpaläozoikums am Rand der Wiljui-Syneklise und der mesozoischen Tunguska-Wiljui-Senke (II): a) von zahlreichen Trappintrusionen durchbrochen, b) fast ohne Trappintrusionen; 3 – mesozoische Tunguska-Wiljui-Senke und randlicher Teil der Wiljui-Syneklise (III); 4 – Grenze der Tunguska-Syneklise im oberen Paläozoikum; 5 – rezente Grenzen der Wiljui-Syneklise und des mesozoischen Tunguska-Wiljui-Beckens; sie fallen mit den Grenzen eines relativ starken Absinkens des Unteren Paläozoikums zusammen; 6 – Außengrenze der maximalen Verbreitung der Trapps; 7 – Flächen maximaler Konzentration der Intrusivdiabase mit intensiver postmagmatischer Mineralisation (Fortsetzung der Zone der Tiefenbrüche, die sich am Rand der Tunguska-Syneklise hinzieht); 8 – alte (oberpaläozoische) Tiefenbrüche, die als Hauptaufstiegswege für das Eindringen der Trapps dienten; 9 – Linien jüngerer (hauptsächlich mesozoisch-känozoischer) kleiner Brüche, Gräben sowie Bruch- und Ablösungsklüfte.

Diese klare Zonarität des geologischen Baus wird in erster Linie durch die Tektonik des Gebiets bestimmt. Das beschriebene Territorium liegt innerhalb von drei Strukturen, die SW – NO streichen (Abb. 3). Es handelt sich hier 1. um den Südostrand der Tunguska-Syneklise, der mit dem Gebiet zusammenfällt, in dem die Gesteine der produktiven Folge maximal verbreitet sind; 2. um das Gebiet, in dem das Unterpaläozoikum am Rand der Wiljui-Syneklise und der mesozoischen Tunguska-Wiljui-Senke relativ gehoben ist; und 3. um die mesozoische Tunguska-Wiljui-Senke.

Die angeführten Strukturen entsprechen im ganzen drei Strukturstufen. Die unterpaläozoischen Gesteine, welche die *untere Strukturstufe* bilden, liegen fast horizontal, mit schwachem Abtauchen nach Osten. Bei allgemeinem monoklinalem Einfallen der Gesteine sind einige flache Antiklinalstrukturen zu beobachten, die dadurch fixiert sind, daß ältestes Oberkambrium und Schichten der unteren Horizonte der Ustj-Kut-Serie an die Tagesoberfläche kommen. Möglicherweise hängen diese Strukturen mit der Salztektonik zusammen. Mit der Salztektonik steht auch die in den unterpaläozoischen Gesteinen weit verbreitete Brachykleinfaltung in Zusammenhang.

Die oberpaläozoischen Gesteine, welche die *mittlere Strukturstufe* bilden, liegen horizontal auf der erodierten Oberfläche des Unterpaläozoikums.

Nach Süden und Südosten zu tauchen die unterpaläozoischen Gesteine unter die unterjurassischen Schichten der *oberen Strukturstufe* ab; die unterjurassischen Schichten füllen die flache mesozoische Tunguska-Wiljui-Senke aus. Das ziemlich plötzliche Abtauchen der unterpaläozoischen Gesteine am Rand der Senke ist offensichtlich eine Folge junger tektonischer Bewegungen, nämlich einer relativen Absenkung des Zentralteils der Senke und einer Hebung des randlichen Teils. Mit diesen Bewegungen hängen vermutlich auch die in diesem Gebiet häufig zu beobachtenden kleinen Brüche, Gräben und Bruchspalten zusammen, die auf Luftaufnahmen gut zu verfolgen sind und zwei streng aushaltende Richtungen erkennen lassen: West-Ost- und Nordost-Südwest-Richtung, die im wesentlichen den heutigen Umrissen der Tunguska-Wiljui-Senke entsprechen. Die älteren Tiefenbrüche, die von Trappmagma bei seinem Aufstieg benutzt wurden, besitzen im wesentlichen West-Ost- und Nordwest-Südost-Richtung.

Eine große Anzahl disjunktiver Störungen wurde westlich des beschriebenen Territoriums im Becken des Mittellaufes des Flusses Malaja Batuobija beobachtet, das in dem Gebiet liegt, wo die Trappintrusionen ihre größte Verbreitung besitzen. Dieses Gebiet intensiver Störungen und Blockbewegungen ist die südöstliche Fortsetzung der Bruchzone, zu der das Becken der Achtaranda und der daran anschließende Teil des Beckens des Flusses Wiljui gehören. Nach Osten zu, in Richtung zum Fluß Malaja Batuobija, nimmt die Intensität der disjunktiven Störungen merklich ab, obwohl einzelne Brüche auch hier auftreten; den Nachweis erbringen schroffe tektonische Diskordanzen zwischen den Gesteinen der Ustj-Kut-Serie einerseits und den jüngeren unterpermischen und unterjurassischen Gesteinen andererseits, ferner einzelne Trappdykes in der Zone der unterpaläozoischen Sedimente.

Bereits vor der Entdeckung der primären Diamantlagerstätten wurde im Becken des Flusses Malaja Batuobija durch Untersuchungen im Jahre 1954 der

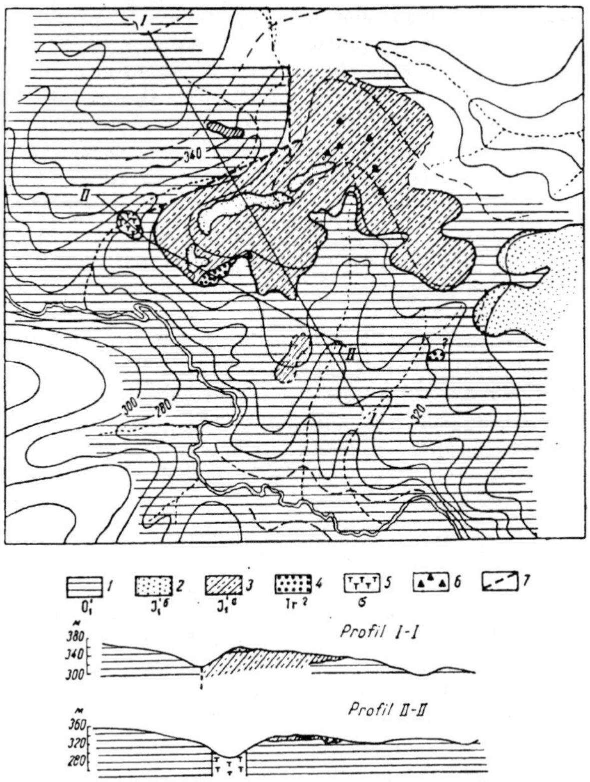

Abb. 4. Schematische geologische Karte des linken Ufers des Flusses Iireleech im Bereich der Durchschlagsröhre „Mir". Zusammengestellt von N. W. KIND, P. F. POTAPOW und J. N. JELAGINA nach den von den Trupps Nr. 132 und 200 erbrachten Unterlagen

1 – unterordovizische Dolomite, Kalke und Mergel (Ustj-Kut-Serie); 2 – unterjurassische Tone, tonige Sande, Alevrolithe und Kohlen (untere Folge der Ukugut-Serie); 3 – unterjurassische sandige, sandig-kiesige und Sand-Geröllschichten (obere Folge der Ukugut-Serie); 4 – Sand-Kies-Geröllschichten, Kaolintone vermutlich tertiären Alters; 5 – Kimberlite; 6 – Kohlen, durch bergmännische Aufschlüsse im unteren Jura nachgewiesen; 7 – vermutete Verwerfungslinien.

räumliche Zusammenhang zwischen dem Dispersionshof der Pyrope, und folglich der vermuteten Verbreitung der Kimberlitpipes mit einer bestimmten tektonischen Struktur festgestellt, nämlich dem Gebiet des gehobenen Unterpaläozoikums, das sich im Südosten unmittelbar an das Gebiet des massenhaften Auftretens der Trapps anschließt. Eben diese am Rand der mesozoischen Senke gelegene tektonisch instabile Übergangszone wurde als die für das Aufsuchen primärer Diamantlagerstätten höffigste Zone betrachtet. Nach Südwesten zu, in Richtung zum Fluß Bolschaja Batuobija, keilt diese Übergangszone aus, und die Grenze der maximalen Verbreitung der Trapps schließt sich hier unmittelbar an die Tunguska-Wiljui-Senke an; dieser Umstand gestattete, die Vermutung auszusprechen, daß das Becken des Flusses Bolschaja Batuobija in bezug auf primäre Diamantführung wenig höffig ist.

Die im Jahre 1955 von den Trupps der Amakinsker Expedition durchgeführten Kartierungs-, Such- und Erkundungsarbeiten bestätigten die Richtigkeit dieser Aussage. Die im Becken des Flusses Malaja Batuobija entdeckte Kimberlitröhre liegt gerade innerhalb der erwähnten Struktur, und die weite „Verseuchung" dieser Struktur mit Pyropen läßt vermuten, daß hier auch noch andere Kimberlitröhren vorhanden sind, deren Auffindung eine Sache der künftigen Sucharbeiten ist[2]). Die Ergebnisse der weiter westlich im Becken des Flusses Bolschaja Batuobija durchgeführten Such- und Kartierungsarbeiten bestätigten, daß dieses Gebiet hinsichtlich einer primären und sekundären Diamantführung wenig höffig ist.

Geologie der Kimberlitröhre „Mir"

Im Juni 1955 wurde vom Trupp Nr. 132 der Amakinsker Expedition im Becken des Flusses Malaja Batuobija die erste Kimberlitröhre entdeckt, die den Namen „Mir" (Frieden) erhielt.

Der geologische Bau des an den Explosionsschlot „Mir" anschließenden Bereiches ist ziemlich einfach (Abb. 5). Am ältesten sind hier karbonatische Gesteine der Ustj-Kut-Serie, die vorwiegend durch dick- und feinplattige Dolomite und kalkige Dolomite vertreten sind, die mit grauen und seltener rötlichen Mergeln wechsellagern. Die Schichten der Ustj-Kut-Serie liegen fast horizontal, sie werden aber durch eine geringe Brachyfaltung kompliziert.

Über den Gesteinen der Ustj-Kut-Serie liegen mit scharfer Erosionsdiskordanz kontinentale sandig-tonige Schichten, die nach den Unterlagen der Sporen- und Pollenanalyse zum unteren Jura gehören. Diese Schichten besitzen in diesem Bereich die für die untere

[2]) Im Jahre 1956 wurde noch eine Kimberlitröhre aufgefunden, welche die Bezeichnung „Kollektivnaja" erhielt. Sie liegt ebenfalls innerhalb der erwähnten Struktur. Außerdem wurden in demselben Gebiet durch geophysikalische Untersuchungen mehrere große magnetische Anomalien nachgewiesen.

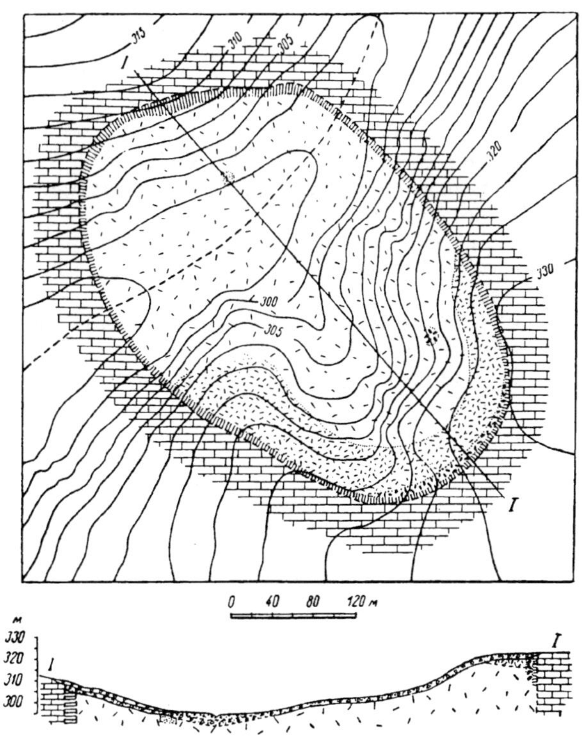

Abb. 5. Schematische geologische Karte der Kimberlit-Durchschlagsröhre „Mir". Zusammengestellt von N. W. KIND, M. P. METJELKINA und J. I. CHABARDIN nach den Unterlagen der Amakinsker Expedition

1 – Alluvium; 2 – schotterig-blockiges Deluvium der karbonatischen Nebengesteine; 3 – deluvial-eluviale Ablagerungen der Kimberlite; 4 – feinklastischer gräulichgrüner und dunkelgrüner Kimberlittuff; 5 – veränderter feinklastischer hellgelber Kimberlittuff; 6 – grobklastische Kimberlitbrekzie; 7 – verquarzte grobklastische Kimberlitbrekzie; 8 – am Kontakt veränderter orangefarbener Kimberlit; 9 – karbonatische Gesteine der Ustj-Kut-Serie des Unteren Ordoviziums. Auf dem Profil sind auch die quartären Bildungen gezeigt, welche die Kimberlite überdecken.

kontinentale Serie des Jura etwas ungewöhnliche feinklastische kohlenführende Fazies. Den Hauptteil des Profils bilden schichtige, graue und gelbe, unregelmäßig gefärbte, lockere und feste Tone, tonige Sande, feingeschichtete gebänderte Argillite und Alevrolithe mit Pflanzenresten. In ihnen liegen nach Streichen und Mächtigkeit nicht aushaltende Zwischenlagen und Linsen rußiger Tone und Braunkohlen vor, mit einer Mächtigkeit von einigen Zentimetern bis zu 0,5 – 0,8 m, möglicherweise auch mehr, da einige kleinere Schürfe die Sohle der Kohlenschicht nicht aufschlossen.

An der Basis des sichtbaren Teils des Profils treten hellgraue Arkosesande und -sandsteine auf, ferner rostbraune dichte Eisensande wechselnder Korngröße.

Die obersten Horizonte der unterjurassischen Schichten bestehen aus lockeren und festen mittel- und grobkörnigen polymikten Sanden gelber und gräulich-gelber Farbe, mit Zwischenlagen von Schottern und kieseligen Sanden. Der obere Teil des Profils unterscheidet sich lithologisch nicht von den weit verbreiteten typischen unterjurassischen kontinentalen Ablagerungen (Ukugut-Serie).

Die unterjurassischen Schichten liegen am vollständigsten unmittelbar nordöstlich der Durchschlagsröhre „Mir“ auf der flachen Zwischenstromoberfläche vor, wo sie im Grundriß ein unregelmäßiges Oval bilden und von Nordosten und Südosten her durch die Oberläufe kleiner Bäche erodiert werden.

Im Nordwesten liegen die unterjurassischen Schichten in scharfer tektonischer Diskordanz mit den Gesteinen der Ustj-Kut-Serie, sie stehen mit ihnen auf der Linie einer vermuteten Verwerfung in Kontakt, die sich in nordöstlicher Richtung längs des Chabardin-Baches hinzieht. Die Durchschlagsröhre „Mir“ liegt in der Verlängerungslinie dieser vermuteten Verwerfung.

Östlich und südöstlich der Durchschlagsröhre liegen die unterjurassischen Schichten normal auf Unterpaläozoikum. Ihr Kontakt verläuft auf der absoluten Höhe von 330 – 340 m über N. N. und der relativen Höhe von 60 – 70 m.

Die Mächtigkeit der unterjurassischen Schichten beträgt 1 – 3 bis 15 m, möglicherweise mehr, und zwar in der Nähe der Verwerfungslinie am nordwestlichen abgesunkenen Flügel. Östlich und südlich des beschriebenen Bereichs liegen die oberen Sand-Kies-Schotterhorizonte des unteren Jura in Form einzelner Inseln unmittelbar auf ordovizischen karbonatischen Gesteinen. Die kohleführenden Fazies sind hier nicht vorhanden.

Die jüngsten Bildungen (ohne Berücksichtigung des Quartärs) sind offensichtlich die 1955 vom Trupp Nr. 200 aufgefundenen originellen tonigen und sandig-kiesigen diamantführenden Schichten, die auf einer sehr kleinen Fläche (200 × 400 m) in der Nähe der Durchschlagsröhre „Mir“ vor der Erosion bewahrt wurden. Ein charakteristischer Zug dieser Schichten, die sich von den umgebenden Gesteinen stark unterscheiden, ist die einförmige Zusammensetzung des grobklastischen Materials. Es besteht aus Geröll und Kies von Quarz, Quarzit, Flint und anderer fester Gesteine mit einer geringen Beimengung von stark zerstörtem Geröll kaolinitisierter Gesteine unklarer Herkunft. An der Basis der Folge liegen feste und schwere Kaolintone von heller und bunter Farbe (grau, bläulich-grau, gelb, himbeerfarben u. a.).

Die Lithologie dieser Folge spricht für eine limnisch-alluviale Entstehung und eine Bildung durch Umlagerung von Produkten der chemischen Verwitterung der Nebengesteine bei schwach gegliedertem Relief.

Damit erklärt sich gut die hohe Konzentration der Diamanten in dieser Folge, welche die Konzentration der Diamanten in den Kimberliten selbst um ein Mehrfaches übertrifft. Die Mächtigkeit der beschriebenen Ablagerungen ist sehr gering, sie bewegt sich zwischen 1 und 5 m. Die ziemlich schroffen Mächtigkeitsschwankungen auf kleinem Raum erklären sich möglicherweise durch die Verkarstung der unterlagernden paläozoischen karbonatischen Gesteine, was auch dazu führte, daß sie nicht erodiert wurden.

Man hält diese Ablagerungen vorbehaltlich für präquartär, aller Wahrscheinlichkeit nach sind sie tertiär. Bei dieser Annahme ging man von allgemeinen Erwägungen und der Analogie mit anderen Gebieten der Sibirischen Tafel aus, bei denen ein Auftreten der Kaolinverwitterungskruste auf oberkretazischen Gesteinen festgestellt wurde.

Die Beziehungen zwischen der Kimberlitröhre „Mir“ und den beschriebenen paläozoischen, mesozoischen und känozoischen Gesteinen werden durch die Karte und die Profile (Abb. 4) gut illustriert. Die Durchschlagsröhre zerreißt die Gesteine der Ustj-Kut-Serie; unmittelbare Kontakte mit den jüngeren Schichten sind heute nicht zu beobachten. Im Grundriß besitzt die Durchschlagsröhre „Mir“ die Form eines unregelmäßigen, sich von Nordwest nach Südost erstreckenden Ovals. Ihre Abmessungen betragen 490 × 320 m (Abb. 5).

Die bergmännischen Aufschlüsse legten im wesentlichen nur den oberen, durch die Verwitterung zerstörten Teil des Kimberlitkörpers bis zu einer Tiefe von 3,5 bis 4 m frei, und nur einige dieser Aufschlüsse erreichten die festen unveränderten Gesteine. Unabhängig von der Tiefe des Erosionsanschnittes besitzt der obere Teil der Durchschlagsröhre folgenden Aufbau[3]).

Von der Oberfläche bis zu einer Tiefe von 0,5 – 1,2 m läßt sich eine Deluvial-Eluvialschicht verfolgen, die aus einem feinkörnigen, etwas tonigen Sand oder Kimberlitgrus mit blau-grünen Chloritschüppchen, Pyrop- und Ilmenitkörnern besteht. Diese Schicht enthält seltene Schotter fester Kimberlite, ferner scharfkantige und gerundete Nebengesteinsbruchstücke. Die deluvialen Ablagerungen besitzen grünlich-graue und grünlich-gelbe Farbe. Stellenweise ist hier eine Schichtung zu beobachten, deren Richtung gewöhnlich der Neigung der Örtlichkeit entspricht. An den randlichen Teilen der Durchschlagsröhre besitzen die deluvialen Ablagerungen einen etwas abweichenden Bau. Hier herrschen große Bruchstücke und Blöcke der karbonatischen Schichten der Ustj-Kut-Serie in starkem Maße vor; sie bilden bisweilen eine zusammenhängende Deluvialschicht mit einer Mächtigkeit von 1 – 1,5 m, welche die Eluvialablagerungen des Kimberlits überdeckt.

Bis zu einer Tiefe von 2 – 3 m folgt dann ein von der Verwitterung stark angegriffener Kimberlit. Er besteht aus einem lockeren, seltener in Schotter und Grus zerfallenden grünlich-grauen, gelbgrünen, dunkelgrünen und bisweilen blauen Gestein, mit reichlich blaugrünem Chlorit, Pyrop und in geringerem Maße Ilmenit. Die Größe der Bruchstücke nimmt mit wachsender Tiefe zu. Das Gestein wird von einem Netz feiner (bis 0,5 cm), mit Kalkspat ausgefüllter Trümer durchzogen. In den von der Verwitterung weniger berührten Bereichen ist

[3]) Die Beschreibung der Durchschlagsröhre erfolgt nach den Unterlagen der bergmännischen Aufschlüsse.

eine Serie seigerer, seltener schwach geneigter Spalten zu beobachten, die unter den Spalten von südöstlicher (110—120°) und südwestlicher (210—230°) Richtung vorherrschen. In den Spalten ist nicht selten eine Eisenausfällung zu beobachten, und der Kimberlit ist in diesen Bereichen orange und braun gefärbt. Mit wachsender Tiefe wird der Kimberlit immer massiger und geht allmählich in festes monolithisches Gestein über.

Im Querschnitt zeigt der Kimberlitkörper uneinheitlichen Aufbau. Auf Grund struktureller Merkmale heben sich ziemlich deutlich zwei Gesteinstypen hervor: feinklastischer Kimberlittuff und grobklastische Kimberlitbrekzie.

Der erste Kimberlittyp — der feinklastische Kimberlittuff — füllt fast die gesamte Durchschlagsröhre mit Ausnahme des Südostteils aus. Es treten einige Tuffvarietäten auf, die sich nach der Farbe und gewissen Zügen der mineralogischen Zusammensetzung unterscheiden.

Die erste Varietät stellt ein gräulich-grünes massiges Gestein dar, das aus regellos verteilten gerundeten olivgrünen und hellgrünen Serpentinkörnern besteht; der Serpentin bildet häufig gut erhaltene Pseudomorphosen nach Olivin. In diesem Gestein befinden sich einzelne tafelige, blaugrüne, 5—7 mm große Chloritkristalle sowie gerundete weinrote und lila Pyropkörner, deren Größe sich zwischen 1 und 5 mm bewegt. Die Pyropkörner sind gewöhnlich von Rissen durchzogen, sie zerfallen leicht in kleine Stücke. Von außen überzieht sie eine dünne, grünliche Kelyphitkruste. Seltener kommen Einschlüsse kleiner (bis 0,5 cm), gerundeter und kantiger Ilmenitkörner mit unebenem Bruch und charakteristischem Pechglanz vor. Im Gestein sind zahlreiche, 0,5—3 cm große Bruchstücke von feinkörnigem Kimberlit zu beobachten. In geringerer Menge treten Nebengesteinstrümmer auf. Stellenweise ist eine durch Wechsel grobkörniger und feinkörniger Tuffvarietäten bedingte Bänderung zu bemerken.

Die zweite Varietät unterscheidet sich von der eben beschriebenen durch die dunklere Farbe der Grundmasse und die bräunlich-grüne Färbung des Serpentins. Das ganze Gestein wird von feinsten Serpentin-Karbonattrümern durchzogen, einzelne Mineralien sind in einer aus Serpentin und Karbonaten bestehenden Hülle eingeschlossen.

Beide Varietäten des grünlich-grünen und dunkelgrünen Kimberlits bilden den gesamten zentralen und nordwestlichen Teil der Durchschlagsröhre; sie entsprechen einem tieferen Erosionsanschnitt.

Die dritte Varietät stellt ein helles, grünlichgelbes, poröses und löcheriges Gestein dar. Strukturell ist es den bereits beschriebenen Varietäten sehr ähnlich, es unterscheidet sich aber durch die hellere Färbung der Grundmasse und die kleineren Abmessungen der Olivinkörner (Pseudomorphosen). Außerdem ist auffallend, daß der blaugrüne Chlorit innerhalb der Einschlüsse fast vollständig fehlt. Im Vergleich mit den vorher erwähnten Varietäten tritt auch hier eine etwas größere Menge von Nebengesteinstrümmern auf. Einzelne Partien des hellen Kimberlits enthalten merkliche Eisenhydroxydausscheidungen, sie sind gelblich-braun gefärbt. Diese Kimberlitvarietät bildet im Grundriß einen Halbring mit einer Breite von etwa 50 m, der die Durchschlagsröhre im Südosten im höchsten Teil umsäumt. Aller Wahrscheinlichkeit nach bilden die beschriebenen hellen Kimberlite den veränderten oberen Teil der Durchschlagsröhre, der im zentralen und nordwestlichen Teil erodiert wurde.

Der zweite Kimberlittyp — die grobklastische Tuffbrekzie — besteht aus zwei Varietäten.

Die erste Varietät tritt im südöstlichen Teil der Durchschlagsröhre am Kontakt auf. Die hellgraue, stark veränderte Grundmasse des Gesteins enthält zahlreiche, regellos verstreute Körner und Bruchstücke von serpentinisiertem Olivin, Täfelchen von blaugrünem Chlorit und gerundete Pyrop- und Ilmenitkörner. Die Chloritmenge ist hier wesentlich größer als beim ersten Kimberlittyp. Eine charakteristische Besonderheit besteht auch darin, daß eine große Menge (bis 30%) scharfkantiger und gerundeter Nebengesteinsbruchstücke vorhanden ist.

Die zweite Varietät kommt im mittleren Teil der Durchschlagsröhre vor, am Bett des Chabardin-Baches. Das Gestein trägt die Spuren einer stark ausgeprägten Brekzienbildung, stellenweise ist es intensiv verquarzt und sogar in sekundären Quarzit umgewandelt.

Unter den Einschlüssen kommen im Kimberlit verwandte ultrabasische Gesteine, kristalline Schiefer (Eklogite, eklogitähnliche Gesteine, kristalline Schiefer des Archaikums), unterpaläozoische Sedimente und Trapps vor.

Von den verwandten Einschlüssen, die in den sibirischen Kimberliten überhaupt wenig verbreitet sind (wenn man die Einschlüsse des Kimberlits selbst nicht rechnet), kommen in einzelnen Bereichen der Durchschlagsröhre „Mir“ originelle, stark veränderte Einschlüsse mit porphyrartigen Pyropkristallen vor, die offensichtlich aus ultrabasischen Gesteinen entstanden sind. Einschlüsse eklogitartiger Gesteine und archaischer kristalliner Schiefer treten hier sehr selten auf, so verbreitet sie in den Kimberliten des Rayons Daaldynsk sind.

Innerhalb der zweitrangigen Einschlüsse dominieren karbonatische Gesteine der Ustj-Kut-Serie sowie Diabase. Seltener sind Einschlüsse von Quarzit und anderen, im Gelände nicht bestimmbaren, stark veränderten Gesteinen. Ihre Menge ist relativ gering, sie beträgt im Durchschnitt nicht mehr als 5—10% des in Form von Einschlüssen auftretenden Kimberlits.

Die Sedimentgesteinseinschlüsse bestehen aus Dolomiten und Mergeln. Diese Bruchstücke sind gewöhnlich gerundet, seltener scharfkantig. Ihre Abmessungen variieren von einigen Millimetern bis zu 10—16 cm. Es kommen schwach veränderte oder fast unveränderte Sedimentgesteine vor, die ihre ursprüngliche Struktur bewahrt haben (feinoolithisch, stromatolithisch usw.). Bisweilen werden diese Bruchstücke von einem dünnen blaugrünen Saum veränderten Gesteins überzogen. Außerdem sind in Hornstein übergegangene Stücke zu beobachten. Jedoch wurden bei der petrographischen Untersuchung keine echten Kontakthornfelse nachgewiesen.

Von Interesse im zentralen Teil der Durchschlagsröhre ist der Fund eines Xenolithen, eines sandig-tonigen Gesteins mit Einschlüssen rechteckiger Argillitbruchstücke, die bald bis zu Ton zerstört, bald zu sehr festen Hornfelsen umgewandelt sind. Äußerlich erinnert dieses Gestein stark an unterjurassische Schichten, die in unmittelbarer Nähe der Durchschlagsröhre auftreten. Die Abmessungen des sichtbaren Teiles des Xenolithen betragen 1,5×1,3 m.

Die Diabasbruchstücke bestehen gewöhnlich aus aphanitischen und feinkörnigen Abarten. Sie besitzen eckige, seltener gerundete Form. Diese Trümmer werden im Querschnitt 20—25 cm groß. Es wurden auch große Diabasbrocken von 1,5×0,35 m Größe angetroffen. Diese Gesteine wurden durch das kimberlitische Magma fast nicht verändert. Der Kimberlit selbst ist um diese Einschlüsse etwas verfestigt und an die letzten gleichsam „angeschweißt".

Fremdeinschlüsse in der Kimberlitmasse sind ungleichmäßig verteilt. Es ist zu bemerken, daß die größte Menge karbonatischer Nebengesteine an den randlichen Teilen der Durchschlagsröhre auftritt. Anhäufungen von Diabasbruchstücken kommen sowohl im Kontaktteil als auch im mittleren Teil der Durchschlagsröhre vor.

Es wurde bereits erwähnt, daß die Kimberlitröhre „Mir" Sedimente der Ustj-Kut-Serie durchbricht, die aus feinoolithischen tonigen und sandigen Dolomiten bestehen. Der Kontakt zwischen Kimberlit und den Nebengesteinen ist scharf ausgeprägt. Der Kimberlit selbst ist am Kontakt in einer 3—5 m mächtigen Zone in eine lockere, tonige, durch Eisenoxyde orange gefärbte Masse umgewandelt. Es ist schwer, über den Aufbau dieser Zone in größerer Tiefe zu urteilen, da sie durch bergmännische Aufschlüsse nur bis zu einer Tiefe von 2 m aufgeschlossen ist. Die Sedimente am Kontakt sind in einem 2—3 m breiten Streifen etwas umgewandelt; mit der Annäherung an den Kimberlit nehmen sie eine grünlich-gelbe Färbung an, und unmittelbar am Kontakt werden sie gebleicht. Die oolithischen Varietäten der Dolomite verlieren ihre Struktur und werden dichter.

Die Durchschlagsröhre „Mir" ist jetzt in bezug auf die Diamantführung die reichste. Bereits bei der Abteufung der Erkundungsbaue wurden Diamanten unmittelbar im primären Gestein, dem Kimberlit, gefunden.

Die Frage nach dem Alter der Kimberlitröhre „Mir" ist nicht zu lösen, wenn man nur von den Verhältnissen zwischen dem Kimberlit und den Nebengesteinen (Sedimenten) ausgeht, da man hierbei nur von einem nachunterordovizischen Alter sprechen könnte. Jedoch kann das Auftreten der großen Menge von Trapptrümmern im Kimberlit als Hinweis auf postpermisches oder sogar posttriassisches Alter der Durchschlagsröhre dienen, da das Aufdringen der Trapps auf diesem Territorium hauptsächlich in der Trias erfolgte, insofern die Trapps die Schichten der produktiven (P_1) und der Tuffserie (P_2-T) durchbrachen.

Eine präzise Festlegung der oberen Altersgrenze der Kimberlitröhre „Mir" ist nicht möglich, da unmittelbare Kontakte der Durchschlagsröhre mit den jurassischen Schichten fehlen. Es ist gleichzeitig zu bemerken, daß die Verhältnisse zwischen den unterjurassischen Gesteinen und den Kimberliten der Durchschlagsröhre „Kollektivnaja", die 1956 im gleichen Rayon entdeckt wurde, gewissermaßen für ein präunterjurassisches Alter der Kimberlite sprechen.

Es ist von Interesse, daß die im Gebiet der Durchschlagsröhre „Mir" ermittelten Verhältnisse zwischen paläozoischen und mesozoischen Schichten die Möglichkeit geben, hinsichtlich der Tiefe des Erosionsanschnittes dieser Gesteine einen wichtigen Schluß zu ziehen.

Wenn man von einem präjurassischen, aber postpermischen Alter der Kimberlite ausgeht, ist die Tiefe des Anschnitts relativ gering, da die Ablagerungen der produktiven und der Tuffserie in diesem am Rand der Südostgrenze der Tunguska-Syneklise gelegenen Territorium sehr geringmächtig sind und in präjurassischer Zeit kaum über 100—150 m hinausgingen.

Daher ist unter Zugrundelegung der bereits vorhandenen Daten zu sagen, daß die Tiefe des Erosionsanschnittes der Durchschlagsröhre „Mir" einige Hundert Meter, vielleicht auch nur einige Dutzend Meter beträgt.

Zur Charakteristik des sedimentär-metamorphen Typs der Uranvererzung

R. W. GEZEWA, Moskau [1])

Einleitung

Seit den letzten Jahren befaßt man sich in der sowjetischen und ausländischen Literatur besonders eingehend mit der Rolle, die die metamorphen und epigenetischen Vorgänge bei der Bildung von Urankonzentrationen spielen. Einige Forscher betrachten die sedimentär-metamorphen Uranlagerstätten als selbständigen genetischen Typ. Die Existenz dieses Typs der Uranvererzung gehört jedoch zu den strittigen Fragen und wird von vielen Wissenschaftlern in Zweifel gestellt. Dieser Umstand findet wahrscheinlich darin seine Erklärung, daß bis heute nur solche Lagerstätten betrachtet wurden, wie z. B. der Witwatersrand, der Erzgürtel von Katanga-Nordrhodesien, Rum Jungle u. a., die an alte, stark metamorphisierte Formationen gebunden sind und äußerlich den hydrothermalen Lagerstätten nahestehen. Andererseits gibt der Charakter der Erze dieser Lagerstätten die Möglichkeit, sie als Produkte zu betrachten, die durch Metamorphose früher gebildeter sedimentärer Konzentrationen entstanden sind, d. h. als sedimentär-metamorphe Produkte.

Im folgenden beschreiben wir die vom Verfasser beobachteten spezifischen Züge der Lithologie und Mineralogie der Uranerzvorkommen in verhältnismäßig schwach metamorphisierten Schichten des unteren Paläozoikums. Diese spezifischen Züge weisen deutlich auf die Möglichkeit hin, daß sich Uran bei der Regionalmetamorphose von Sedimenten in Geosynklinalgebieten konzentrieren kann.

[1]) Aus „Fragen der Geologie des Urans" (russ.), Beilage Nr. 6 der Zeitschrift „Atomenergie", 1957.

1. Allgemeine Charakteristik und Uranführung der produktiven Folge

Die Uranvererzungen sind an unterpaläozoische Gesteine gebunden; sie stehen mit den Ausbissen varistischer Granite nicht in Verbindung.

Die Gesteine wurden hauptsächlich während der varistischen Faltung intensiv disloziert. Später lebten einige alte Störungen im Zusammenhang mit den Blockverschiebungen während der alpidischen Orogenese wieder auf.

Die produktive Folge besteht aus folgenden Gesteinen: glimmrige Tonschiefer, die zum oberen Teil der mächtigen Quarzit-Schiefer-Serie gehören; darüber liegt konkordant ein geringmächtiger Schwarzschieferhorizont, darüber ein ebenfalls geringmächtiges Schichtpaket dolomitisierter Kalksteine. Sporadisch ist auch die Vererzung in den Gesteinen im Hangenden der produktiven Folge zu beobachten, ferner in den schichtigen Lagern

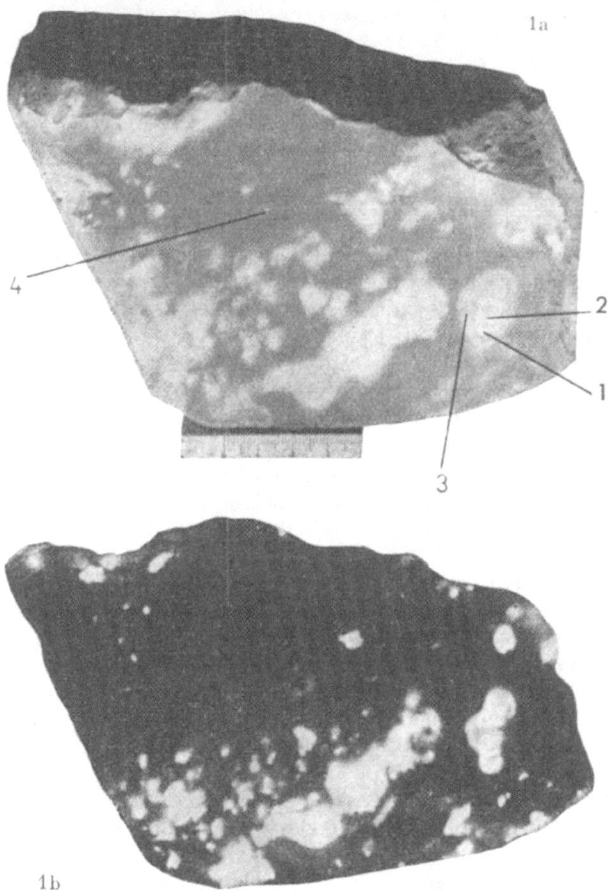

Abb. 1a u. b. Die Vererzung in glimmrig-tonigen Schiefern

a — Resturanschwärze (1) und Pyrit (2), umgeben von Aufhellungshöfen (3) im Schiefer (vergrößert); b — Radiographie der gleichen Stufe in natürlicher Größe (Belichtung 4 Tage)

des Diabases, an solchen Stellen, wo der Diabas unmittelbar mit den schwarzen Schiefern in Berührung kommt.

Die kristallin entwickelten, den phyllitartigen nahestehenden glimmrig-(sericitisch-)tonigen Schiefer bilden nach ihrem Gehalt an blastischem Material (hauptsächlich Quarz) einen Übergang zu den Alevrolithen; nahe am Kontakt mit den schwarzen Schiefern werden sie bisweilen gleichmäßiger körnig und reichern sich mit organischem Material (bis zu einigen Prozent) an.

Der Horizont der schwarzen Schiefer baut sich aus einer Wechsellagerung von kohlig-kieseligen und kohlig-tonigen Varietäten auf. Die Gesteine bestehen aus einem feinkörnigen, im wesentlichen quarzigen oder sericitisch-tonigen Aggregat, das mit Pyrit und besonders mit organischem Material angereichert ist (10—15%). Dieses organische Material akkumuliert sich in den Intergranularräumen zwischen den Quarz- und Sericitkörnern, es liegt verstreut in der pelitischen Masse vor oder bildet kleine Konkretionen. Untersuchungen wiesen nach, daß das gesteinsbildende organische Material der Schiefer hochkohlenstoffhaltig und polymerisiert ist und fast keine löslichen Bitumina und Huminsäuren enthält. In seiner übergroßen Masse ist das organische Material anisotrop, es verbrennt bei einer Temperatur von 500—800° C, d. h., hinsichtlich der Metamorphose liegt es höher als Anthrazit (SHEMTSCHUSHNIKOW 1952).

Die Elementarzusammensetzung der brennbaren Masse der Schiefer läßt einen bituminösen Charakter des größten Teiles der Komponenten vermuten, aus denen die disperse organische Substanz und ihr ursprüngliches sapropelitisches Gestein besteht.

Für die schwarzen Schiefer ist im ganzen Bereich ihrer Verbreitung in diesem Gebiet, ebenso wie für die unterpaläozoischen Schiefer vieler Gebiete der Erdkugel ein regional erhöhter Gehalt an Uran kennzeichnend. Der Urangehalt in diesen Gesteinen liegt etwa eine Größenordnung höher als der mittlere Clarkegehalt des Urans in Sedimenten.

Die *dolomitisierten Kalksteine* bestehen größtenteils aus Dolomit und einem geringen Anteil von Kalkspat, Pyrit und organischer Substanz (1—2%); diese organische Substanz zeichnet sich gegenüber der organischen Substanz der schwarzen Schiefer dadurch aus, daß sie Bitumen C enthält.

Die dolomitisierten Kalksteine besitzen (im Vergleich zum Clarkegehalt) einen weniger erhöhten Urangehalt als die unterlagernden schwarzen Schiefer.

Die Uranvererzung ist zu beobachten in Bereichen von komplizierten Falten- und Bruchstrukturen, mit großen Amplituden (einige hundert Meter), flachen Überschiebungen mit Auspressung der Gesteine von den Flanken in die Scheitelteile der Struktur, besonders im Horizont der schwarzen Schiefer. Ferner tritt eine Vielzahl kleiner Verschiebungen der Schichten gegeneinander auf, die zu einer Brekzienbildung und Mylonitisierung der Gesteine führten. Merklich entwickelt sind später eingetretene Störungen vom Typ der Verwerfungen, die die Faltung und die Überschiebungen durchqueren; die Sprunghöhen erreichen bis zu 150 m. Für einen Teil von ihnen wurde mit Bestimmtheit vorpermisches Alter ermittelt (hercynische Phase), einige sind jünger.

Die Vererzung liegt in Form flözartiger Lager vor, die die stratigraphischen Grenzen der produktiven Folgen nicht schneiden und den Faltenstrukturen und Bruchstörungen folgen. Hierbei tendiert die Hauptmasse der Lager zu den am stärksten dislozierten Bereichen, in denen sie bisweilen in vielen Stufen im Profil der produktiven Folge angeordnet sind. Die Grenzen der vererzten und der Nebengesteine sind undeutlich, im

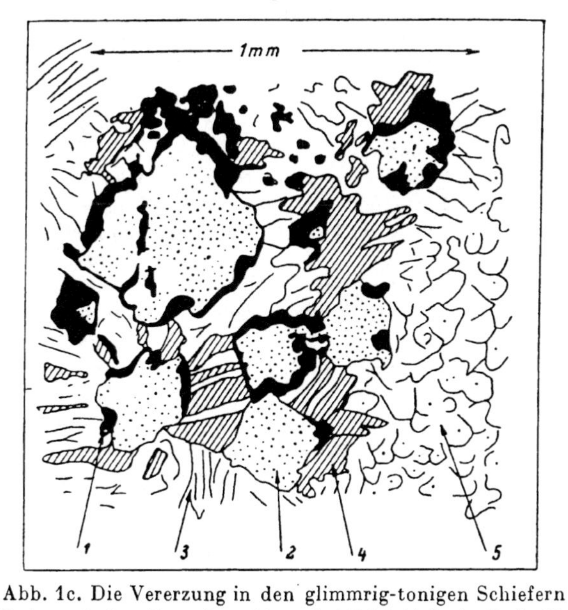

Abb. 1c. Die Vererzung in den glimmrig-tonigen Schiefern

Resturanschwärze (1) umgibt und korrodiert Metakristalle des Pyrits (2), die von Quarz- (3) und Sericitneubildungen (4) begleitet werden. 5 — Grundgewebe des Schiefers. Dünnschliff. Gekreuzte Nicols, 40fache Vergrößerung.

Grunde sind es angenommene Grenzen. Die Erzlager schließen auch Bereiche „tauber Gesteine" ein, die sehr häufig ärmer sind als die entsprechenden petrographischen Varietäten der produktiven Gesteine außerhalb der Erzlager.

Außer durch die lithologisch-stratigraphische Lage der Schichten wird die Vererzung, insbesondere die sichtbare Uranmineralisation, durch Strukturelemente kontrolliert. Dazu gehören die unter den Aufschiebungen befindlichen Teile der Störungen, die kleinen Bruchspalten der Mylonitisierungszone u. a. In den glimmrig-tonigen Schiefern tritt die Vererzung ausschließlich in

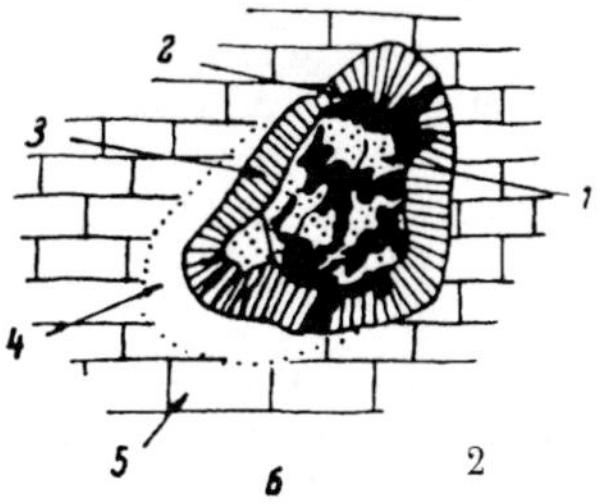

2

Abb. 2. Die Vererzung in dolomitisierten Kalksteinen

Resturanschwärze in einem Pyritmetakristall: 1 – Pyrit; 2 – Schwärze; 3 – stengliger Quarz; 4 – Aufhellungshof des Kalksteins; 5 – Kalkstein.

den Zonen tektonischer Störungen am Kontakt mit den schwarzen Schiefern auf und erfaßt die enge Kontaktzone verschiedener (je nach der Sprunghöhe) ungleichaltriger Schichten in den obersten Teilen der Quarzit-Schiefer-Folge.

Die Uranführung der produktiven Folge hängt sowohl mit mineralogisch nicht ausgeprägten, molekulardispersen Abscheidungen zusammen („dispergierte Uranoxyde", die nur durch Strahlenbündel auf Mikroradiographien zu fixieren sind) als auch mit sichtbaren Uranoxyden. Innerhalb der letzten dominiert die Resturanschwärze, die sich in situ durch unvollständige Oxydierung kleinster Nasturanabscheidungen bildet, die metasomatisch das Grundgewebe der Gesteine oder die Eisendisulfide verdrängen; fixiert sind auch metasomatische, mächtigere Nasturanbildungen und einzelne Funde von in Quarztrümern regeneriertem Nasturan. Außerdem liegen in der Oxydationszone sekundäre Uranminerale vor, nämlich regenerierte Schwärze und Uranphosphate.

In den glimmrig-tonigen Schiefern und dolomitisierten Kalksteinen wird die Verteilung der Uranoxyde durch früher entstandene Pyritmetakristalle, Pyrittrümer und metamorphisierte Pyritkonkretionen kontrolliert. Sie werden hierbei in den Schiefern von Aufhellungshöfen begleitet, die durch Oxydation der organischen Substanz und Eisenabfuhr entstehen (Abb. 1a, b). Nasturan, oder die Restschwärze, verdrängt gewöhnlich die Gesteine in Form feiner, unzusammenhängender Krusten, die die einzelnen Metakristalle (und Körner) des Pyrits überziehen und kaum merklich korrodieren (Abb. 1c und 2); Nasturan heilt die Risse der Kataklase aus und durchtränkt die Außenzonen der deformierten Pyritkonkretionen. In Einzelfällen (glimmrige Tonschiefer) bildet Nasturan bei intensiver Gesteinsverdrängung kleine metasomatische Körper.

In den schwarzen Schiefern wird die Verteilung der Restschwärze und selten des Nasturans exakt durch dem Schichtverlauf folgende und andere mit der Faltung zusammenhängende kleine Störungen kontrolliert, die durch Brekzien und Mylonit der Nebengesteine ausgefüllt sind. Eine charakteristische Besonderheit der vererzten Brekzien besteht im Gegensatz zu den erzfreien darin, daß bei ihnen eine deutlich ausgeprägte allmähliche Aufhellung des schwarzen Schiefers bis zur fast vollständigen Bleichung zu beobachten ist, die sich in Form enger Zonen (etwa 1 mm, selten 1–2 cm) am Rande der Bruchstücke und längs Bruchrissen entwickelt. Aus dem Vergleich der Fotoaufnahmen und der radiographischen Abzüge geht hervor, daß die Umrisse der Bleichungszonen in allen Einzelheiten den Akkumulationen der Uranoxyde entsprechen. Die letzten verdrängen metasomatisch das mylonitische Bindemittel und das Grundgewebe der Schieferbruchstücke, wobei sie sich zwischen den Quarz- (oder Sericit-)körnern entwickeln. Dadurch entstehen feine Säume von Restschwärze (Abb. 3a, b; 4a, b) und massigere Ansammlungen von Nasturan (Abb. 3c, d) in der Oxydationsfront der organischen Substanz. Außerdem ist die Restschwärze auch in Form kleinster Abscheidungen in den gebleichten Zonen an Stelle der oxydierten organischen Substanz und der Markasitkonkretionen verstreut (Abb. 4a, b). Die Säume der Uranoxyde werden gemeinsam mit den Aufhellungszonen zerbrochen und stufenartig gegeneinander verschoben (Abb. 4a, b), bisweilen werden die Risse mit Gangquarz ausgeheilt.

Die Radiographien und die Kontaktabzüge einer großen Anzahl Proben vererzter Brekzien zeigen, daß die Erscheinungen der Aufhellung der Schiefer und der Abscheidung von Uranoxyden niemals ohne engsten morphologischen Zusammenhang auftreten. Dieses spricht an sich bereits unabhängig von theoretischen Erörterungen für den genetischen Zusammenhang beider Prozesse (s. Abschnitt 4).

Eine Reihe von Faktoren, darunter visuelle Beobachtungen, ferner solche Daten, wie das Auftreten von Huminsäuren (bis zu 10–15%) und freien Bitumina (Bitumen A) in den aufgehellten Zonen, die schroffe Abnahme der Menge des organischen Kohlenstoffs (von 10–15 auf 0,6–0,7%) in den schwarzen Schiefern sowie die Abnahme des Raumgewichts (von 2,5 auf 2,0), die Zunahme der flüchtigen Bestandteile in der brennbaren

3a

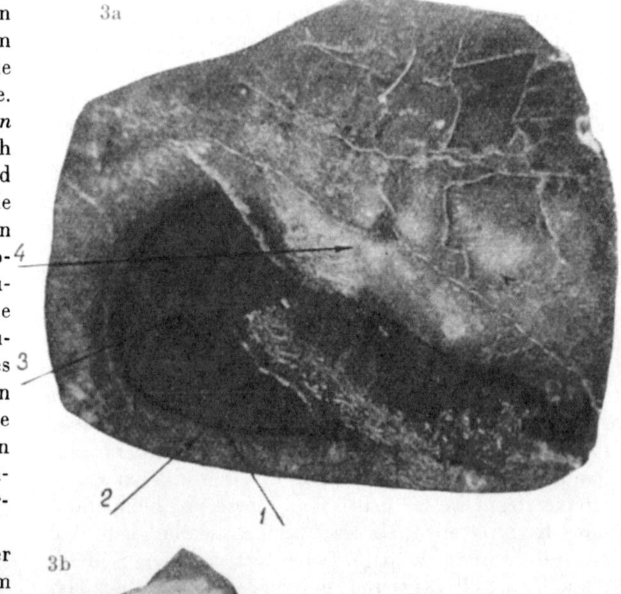

3b

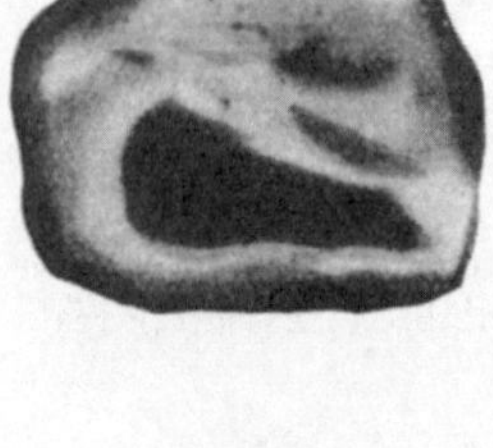

Masse der Brekzien und die Komplizierung ihrer thermischen Charakteristik durch bei niedrigen Temperaturen (175—350° C) auftretende exotherme Effekte geben die Möglichkeit, die Aufhellung und Desaggregation der

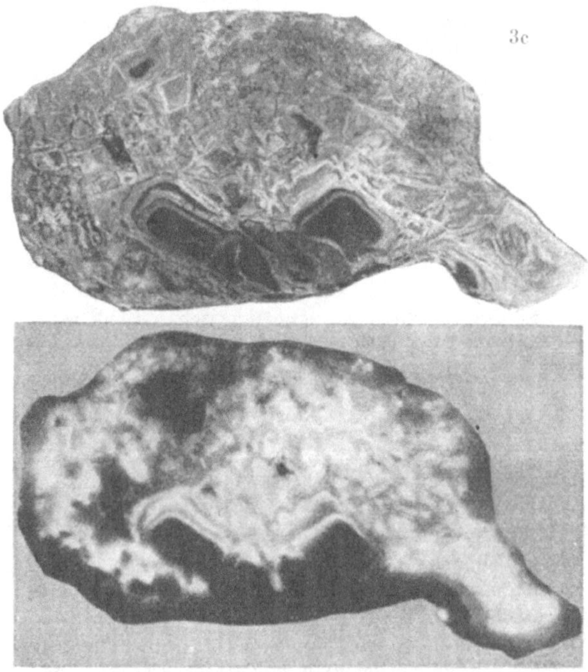

Abb. 3c u. d. Die Vererzung in den Brekzien der kohlig-kieseligen und kohlig-tonigen Schiefer

c — Pechblende an der Oxydationsfront des organischen Materials in Bruchstücken und im mylonitischen Bindemittel mit oxydiertem organischem Material. Natürliche Größe; d — Radiographie der gleichen Stufe.

Gesteine am Kontakt mit den Uranoxyden als Prozeß der Oxydation der dispersen organischen Substanz zu definieren, wobei die Oxydationsprodukte und (nach den chemischen Analysen) das zur Zusammensetzung der Gesteine gehörende Eisen teilweise abgeführt werden.

2. Die mineralische Zusammensetzung der produktiven Folge

Nach der Morphologie und den Bildungsbedingungen können in der Zusammensetzung der produktiven Folge etwa 8 Mineralkomplexe unterschieden werden (im großen und ganzen nach der Altersfolge).

Sedimentäre Mineralkomplexe

I. Terrigenes klastisches Material (hauptsächlich Quarz); dieses Material besitzt eine bedeutende Verbreitung in den glimmrig-tonigen Schiefern und fehlt fast ganz in den schwarzen Schiefern und Kalksteinen.

II. Aufgewirbelte Mineralteile und authigene Mineralformen, die teilweise bei der Metamorphose umgewandelt wurden. Sie bilden das Grundgewebe der Gesteine und bestehen aus Tonmineralen, Sericit, Quarz, Kalkspat, Dolomit, disperser organischer Substanz und Pyrit I.

III. Spätdiagenetische Bildungen, d. h. Konkretionen und Knollen von Pyrit II mit toniger und organischer Substanz, teilweise deformiert und umkristallisiert.

Metamorphe Mineralkomplexe

IV. Dispergierte Körner und Metakristalle — Pyrit III, Kupferkies, Zinkblende, Bleiglanz und Bravoit. Am verbreitetsten ist Pyrit, der typische Metakristalle bildet (Dodekaeder, Würfel), die von nach der Schieferung gestreckten Quarzhöfchen („Druckschatten", Abb. 5) umgeben sind. Sonstige Sulfide sind nur in den Erzlagern zu beobachten.

V. Neubildungen, die auf Gleitflächen bei der infolge der Reibungswärme auftretenden Temperaturerhöhung entstehen, sind Graphit und Pyrophyllit, die in stark dislozierten Bereichen der schwarzen Schiefer vorkommen.

VI. Metasomatische Bildungen in den Erzen sind Nasturan (das zu einem bedeutenden Teil durch Resturanschwärze verdrängt wird), Markasit, Bravoit, Zinkblende, Kupferkies, Chloanthit, Rotnickelkies, Chlorit, ferner Pyrobitumen des Anthraxolith-Typs.

Die Erzlager unterscheiden sich von den erzfreien Bereichen der produktiven Folge nur dadurch, daß in ihnen die metamorphen Komplexe IV, V und VI entwickelt sind.

VII. Der Gangkomplex enthält Minerale typischer metamorpher Gänge und Trümer, deren Zusammensetzung sich wie bei allen sekretionären Gebilden des alpinen Typs bis in die Einzelheiten mit der Zusammensetzung der Nebengesteine koordinieren läßt: calcitisch-dolomitische Trümer mit Sulfiden (Pyrit IV, Markasit, Kupferkies, Zinkblende u. a.) treten in dolomitisierten Kalksteinen auf; beim Verlassen dieser Kalksteine keilen diese Gänge schnell aus; die Quarztrümer mit den gleichen Sulfiden sind an kohlig-kieselig-tonige und glimmrig-tonige Schiefer gebunden, wobei, wenn sich zwei Pyrittrümer kreuzen, diese stark mit Pyrit angereichert werden (Abb. 6); Graphit und Gangpyrobitumen (Anthraxolith) entstehen ausschließlich in Trümern, die in den schwarzen Schiefern liegen und reich an dispersem

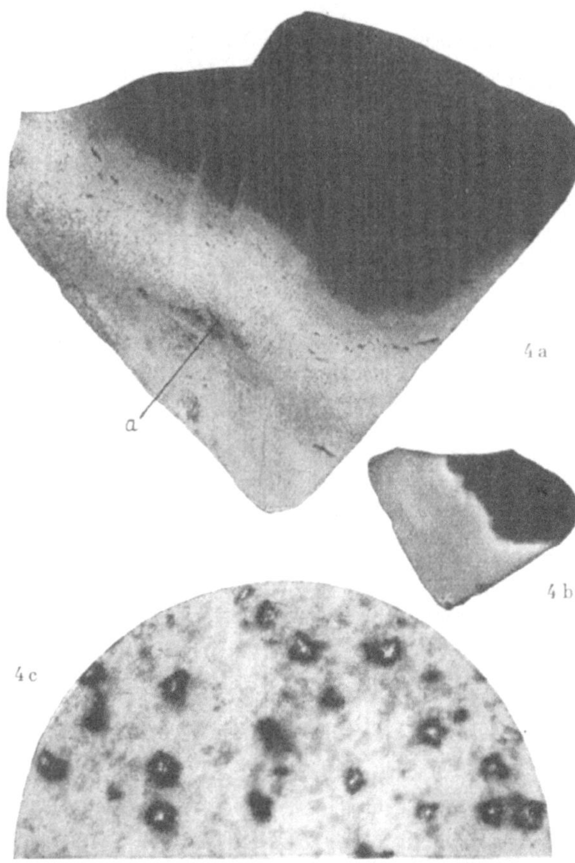

Abb. 4a — c. Die Vererzung in den Brekzien der kohlig-kieseligen und kohlig-tonigen Schiefer

a — stufenartige Versetzung der Zone der Uranoxyde und der Oxydationsfront des organischen Materials in einem Bruchstück des schwarzen Schiefers. Im aufgehellten (oxydierten) Teil des Schiefers sind Uranoxyde, bisweilen mit Markasit (a) dispers verteilt (vergrößert); b — Radiographie des gleichen Handstückes in natürlicher Größe (Belichtung 4 Tage); c — vergrößerter Ausschnitt aus Abb. 4a in Punkt a. Uranoxyde (schwarz) verdrängen Markasit (weiß). Anschliff (Vergr. 500×). Nicols unvollständig gekreuzt.

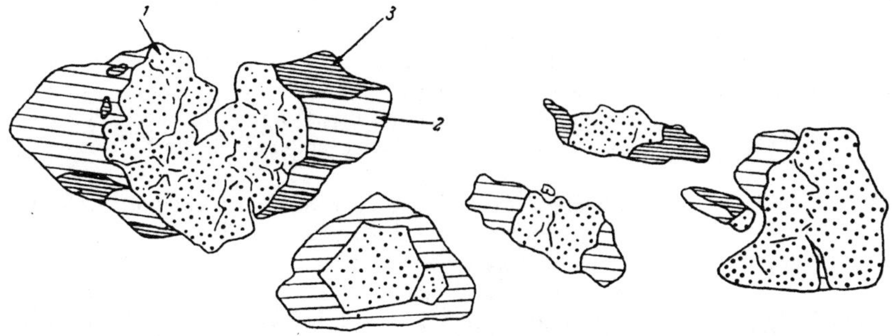

Abb. 5. Typische Pyritmetakristalle (1) mit Druckschattenausfüllungen aus Quarz (2) und Sericit (3). Dolomitisierter Kalkstein (Vergr. 2×)

organischem Material sind; kaolinitische Trümer und Schwerspat treten hauptsächlich in den bariumreichsten Schiefern auf. Die Mineralbildung in den Trümern erfolgte zweifellos in mehreren Etappen, wobei mindestens zwei Generationen von Sulfiden vorliegen und sich eine Metasomatose innerhalb des Ganges entwickelt hat.

Der Mineralkomplex in der Oxydationszone

VIII. Minerale der Oxydationszone: Resturanschwärze, die kleinste Nasturankonkretionen verdrängt, regenerierte Uranschwärze, umgelagerte organische Substanz, Autunit, Metatorbernit, verschiedene Uranglimmer, Zippeit, Allophan, Gips, Epsomit, Eisenhydroxyde.

3. Die Metamorphose der produktiven Gesteine

Der gesamte Komplex der gesteinsbildenden Minerale und ihre Verwachsungsstrukturen weisen darauf hin, daß die produktiven Gesteine zusammen mit den anderen paläozoischen Ablagerungen des Gebiets metamorphisiert wurden.

Die Metamorphose tritt regional auf allen Feldern in Erscheinung und befindet sich weder in räumlicher noch in genetischer Abhängigkeit von varistischen Granitintrusionen. Die Metamorphose äußert sich in folgenden Erscheinungen: Umkristallisation der gesteinsbildenden Minerale unter Bildung mikrogranoblastischer (Quarz) und mikrolepidoblastischer Strukturen (Sericit), Regenerierung der klastischen Quarzkörner, Karbonisierung und Polymerisation der organischen Substanz, Umbildung der Konkretionen, Entstehung von Pyrit-Metakristallen, lokale Entwicklung von Graphit, Pyrobitumen und schließlich sekretionärer Trümer, die von der Migration der Substanzen bei der Metamorphose Zeugnis ablegen.

Der Charakter der in der produktiven Folge entstandenen und mehrmals wechselnden Gleichgewichtsassoziationen, von denen die stabilste und am meisten verbreitete die Paragenese Quarz-Sericit-Dolomit-Pyrit ist, entspricht einem bei niedriger Temperatur verlaufenden Stadium der Regionalmetamorphose, d. h. der Karbonat-Sericit-Fazies. Hinsichtlich ihrer Verbreitung tritt diese Fazies gegenüber der in der Weltliteratur weit bekannten Grünschieferfazies (TURNER 1951) und ebenso der Chlorit-Pummelit-Fazies der Grenzschieferzone des Urals (SAWARIZKIJ 1950) merklich zurück.

Zur Intensität (oder zum Grad) der Metamorphose der Gesteine, die man, wie W. A. SAWARIZKIJ (1950) betont, unabhängig vom Stadium des Prozesses einschätzen muß, ist zu sagen, daß sie in verschiedenen Lagerstättenteilen äußerst ungleichmäßig und in direkter Abhängigkeit von der Intensität der tektonischen Beanspruchung der Gesteine steht (Durchlässigkeit der Gesteine während der Umwandlungen). Dadurch findet auch zweifellos der Umstand seine Erklärung, daß die Metamorphose maximal und in sehr starkem Grad in den kleinen Brekzien- und Mylonitisierungszonen der schwarzen Schiefer in Erscheinung tritt. In diesen frühesten und mehrmals wiederaufgelebten mineralisierten Störungen sind alle metamorphen Umwandlungen zu beobachten, von denen besonders die spezifischen metasomatischen Reaktionen unter Oxydierung der organischen Substanz und Absatz von Uranoxyden charakteristisch sind.

An zweiter Stelle in dieser Reihe der abklingenden Metamorphose stehen die Bereiche der am stärksten gefältelten Schiefer, bei denen eine intensive Umkristallisation des Grundgewebes der Gesteine erfolgte, zahlreich Metakristalle auftreten und (in den schwarzen Schiefern) Neubildungen von Pyrobitumen, Graphit und Pyrophyllit vorliegen. Weiter folgen Zonen geringer Klüftigkeit, oft mit einer Verdichtung der metamorphen Trümer. Dann folgen die schwach dislozierten Schiefer und schließlich die massigen dolomitisierten Kalksteine. Zusammen mit dem allgemein bekannten Leitsatz, daß jedes Auftreten einer Tektogenese in Bewegungszonen von metamorphen Veränderungen der Gesteine begleitet wird, sprechen diese Daten von der entscheidenden Bedeutung, welche die Hauptphase der varistischen Faltung für die Regionalmetamorphose des Paläozoikums in diesem Gebiet hatte, indem sie sein heutiges Aussehen formte. Zu den der Tektogenese vorausgegangenen, säkulären epigenetischen (frühmetamorphen) Umbildungen der Gesteine beim Einsinken der Geosynklinale unter dem Gewicht der darüberliegenden Gesteinsfolgen (mit einer Mächtigkeit von etwa 1500 bis 1800 m) ist zu sagen, daß diese Umbildungen im Vergleich mit der Dislokationsmetamorphose anscheinend unbedeutend waren.

Die Übereinstimmung der metamorphen Neubildungen mit dem Chemismus der Gesteine und die Angaben über das Fehlen eines genetischen Zusammenhanges zwischen Regionalmetamorphose und Magmatismus lassen vermuten, daß die metamorphen Vorgänge unter Anteilnahme wäßriger Lösungen erfolgten, die beim Auskristallisieren der Gesteine abgegeben wurden, und zwar ohne Zufuhr unmittelbar aus einem magmatischen Herd. Diese Vermutung wurde seinerzeit von A. G. BETECHTIN (1944) bezüglich der Metamorphose der Manganerze ausgesprochen; sie wird heute von W. S. DOMAREW in bezug auf die Uranerze gestützt (DOMAREW 1956).

4. Zur Genese der Uranvererzung

Auf Grund aller Merkmale zeichnet sich der genetische Typ der Uranvererzung im Unteren Paläozoikum ganz deutlich ab; nichtsdestoweniger können aber gegenwärtig die Migrationsverhältnisse des Urans nur in allgemeinster Form dargestellt werden, da diese Fragen noch einer weiteren Präzisierung bedürfen.

Die Formen des Uranerzvorkommens und die Beziehung zu Vererzung und Strukturelementen (s. Abschnitt 2) deuten auf eine mehrmalige Migration des Urans hin, die zu seiner Konzentration führte. So kann man mit verschiedenem Zuverlässigkeitsgrad die ihrer Bedeutung nach ungleichwertigen vier Stadien der Migration des Metalls — Sedimentation, Diagenese, Metamorphose und Verwitterung — aussondern; sie geben die Möglichkeit, die betrachteten Erzvorkommen dem sedimentär-metamorphen Typ zuzuordnen, bei dem das Erzmaterial in den darauffolgenden hypergenen Vorgängen neu verteilt wurde. Dieser Schluß gründet sich auf die folgenden Unterlagen, die in ihrer Gesamtheit sowohl der Hypothese einer hydrothermalen, als auch einer rein sedimentären und hypergenen (infiltrativen) Entstehung der Uranvererzung widersprechen.

1. In den wichtigsten produktiven Horizonten, nämlich den schwarzen Schiefern und dolomitisierten Kalksteinen, treten wesentlich höhere Gehalte als die Clarke-Gehalte auf.

2. Die lithologische und die chemische Zusammensetzung von Erzlagern und Nebengesteinen unterscheiden sich kaum; im Vergleich mit den Nebengesteinen sind die Erzlager nur mit den gleichen dispersen Elementbeimengungen, die auch in den Gesteinen enthalten sind (Uran, Vanadin, Kupfer, Nickel, Barium u. a.), etwas angereichert.

3. Die Kontakte (dem Wesen nach bedingte) sind äußerst undeutlich; die Erzlager liegen konkordant mit den dislozierten Nebengesteinen; die bedeutendsten Akkumulationen der Uranoxyde sind an Strukturelemente gebunden, die gleichaltrig (oder nahezu gleichaltrig) mit der Faltung sind, und sie liegen in Bereichen mit geringer, verstreuter Vererzung; in den späteren varistischen Störungen (Verwerfungen) fehlen Erzvorkommen sowie auch jede andere Mineralisation gänzlich. Diese Taten weisen darauf hin, daß sich die Erzlager während der Faltenbildung, vor der Entstehung der disjunktiven Störungen, formierten.

4. Es fehlen Spuren jeglicher Einwirkung von Intrusionen und Hydrothermen auf den Erzabsatz (wie auch auf die Metamorphose der produktiven Folge), obgleich in den benachbarten Gebieten diese Erscheinungen klassisch ausgeprägt sind.

5. In den Erzen sind die Urankonzentrationen, die im allgemeinen einer relativ geringen Migration der Stoffe bei der Regionalmetamorphose der produktiven Gesteine des Gebiets entsprechen, nicht hoch; es existiert eine direkte Abhängigkeit der Intensität der Erzvorkommen vom Grad der Umbildung und Dislozierung der Gesteine.

6. Ein bedeutender Teil des Urans und der es begleitenden anderen Schwermetalle liegt in den Erzlagern in mineralogisch nicht definierter, disperser Form vor.

7. Für die metamorphen Vorgänge kennzeichnend ist der metasomatische Charakter der sichtbaren Nasturanabscheidungen; Nasturan wird durch reduzierende Mittel (Pyrit, Oxydationsfront des organischen Materials) gefällt, ohne daß eine Gangmineralisation nebenherläuft, wie sie für typische Hydrothermen obligatorisch ist.

8. Das primäre Uranoxyd (Nasturan) nimmt innerhalb der typischen Produkte der metamorphen Reihe einen bestimmten Platz ein, der aus den unmittelbaren Beziehungen dieses Minerals zu den anderen hervorgeht. Es befindet sich einerseits zwischen den Metakristallen und Mikrotrümern des Pyrits und andererseits zwischen den Sulfid-Quarz-Klüften des alpinen Typs; zwischen den Mineralisationen sind Spuren von Bewegungen zu verzeichnen (Kataklase der Erze, stufenweise Versetzungen, Ausheilen der Uranoxydabsätze mit Gangquarz, manchmal mit Regeneration des Gangquarzes.

9. Es ist eine deutlich hypergene Uranmineralisation entwickelt (Bezüge aus regenerierter Schwärze), die sich streng an die Umrisse der Erzlager der verschiedenen produktiven Horizonte hält; dies deutet darauf hin, daß das Metall bei der Hypergenese aus früher entstandenen Konzentrationen direkt entlehnt wurde.

In erster Annäherung können die oben ausgesonderten Stadien des Uran-Erzabsatzes wie folgt charakterisiert werden:

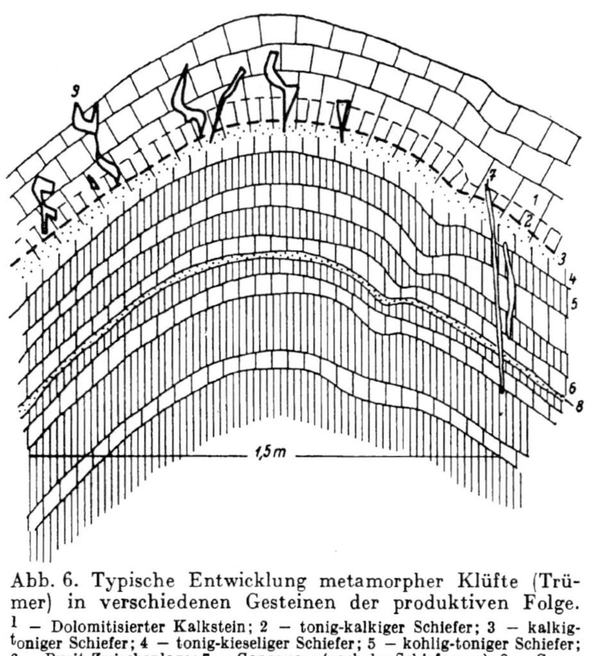

Abb. 6. Typische Entwicklung metamorpher Klüfte (Trümer) in verschiedenen Gesteinen der produktiven Folge.
1 — Dolomitisierter Kalkstein; 2 — tonig-kalkiger Schiefer; 3 — kalkig-toniger Schiefer; 4 — tonig-kieseliger Schiefer; 5 — kohlig-toniger Schiefer; 6 — Pyrit-Zwischenlage; 7 — Gangquarz (nach der Schieferung); 8 — Gangquarz mit Pyrit; 9 — Gangdolomit (in Zerrspalten).

Sedimentation und Diagenese

In dem Zeitraum, der der Akkumulation der produktiven Folge voranging, also im Anfangsstadium der geosynklinalen Entwicklung, bildete das Gebiet eine Senke, in der sich große Mengen einförmiger sandig-toniger Sedimente ansammelten. Auf Grund der allmählichen Abnahme der Korngröße des terrigenen Materials in der produktiven Folge und der Mächtigkeitsabnahme ermitteln die Geologen, die sich mit der Faziesanalyse befassen, die Verschiebung der Uferlinie und andere Veränderungen des hydrodynamischen Regimes. Diese Veränderungen werden dadurch gekennzeichnet, daß die sandig-tonige Fazies (glimmrig-tonige Schiefer, den Alevrolithen nahestehend) von feinkörnigen bituminösen (schwarze Schiefer) und dann durch karbonatische Sedimente abgelöst wird, deren Akkumulation in diesem Gebiet äußerst langsam vor sich ging.

Derartige Verhältnisse, die für die sedimentäre Erzbildung als sehr günstig betrachtet werden (MCKELVEY & I. M. NELSON, 1950), ferner die Entstehung eines ständigen reduzierenden Milieus, müssen zu einer Erhöhung der Urankonzentration im Meeresbecken führen. Da aber die Fixierung des Urans im Sediment aus stark verdünnten Lösungen erfolgte, nehmen wir an, daß zwar nicht alles Uran, aber doch zumindest der wesentlichste Teil aus den schlammigen Wässern in das Sediment bereits während der Diagenese übergegangen ist und von der organischen Substanz sorbiert wurde. Die organische

Substanz sorbiert, wie die Versuche zahlreicher Forscher zeigen, das Uran aus ungesättigten Lösungen am energischsten.

Die Äußerungen der Spätdiagenese werden durch die nun folgenden metamorphen Vorgänge überdeckt. Über die Rolle der Spätdiagenese bei der Bildung der Erzkonzentrationen liegen keinerlei mineralogische Anhaltspunkte vor. Solche typischen spätdiagenetischen Bildungen, wie die Pyritkonkretionen (STRACHOW, 1953) führen, wenn sie nicht zerbrochen und umkristallisiert wurden, keine Uranvererzung. Man kann lediglich vermuten, daß bei der Spätdiagenese und besonders bei der folgenden Gesteinsbildung in Verbindung mit der beginnenden Karbonatisierung der organischen Substanz ihre Sorptionsbindungen mit Uran teilweise gestört werden konnten. Möglicherweise stellt ein gewisser Teil der dispergierten Uranverbindungen in den erzführenden dolomitisierten Kalksteinen Formen dar, die sich aus den Spätstadien der Diagenese erhalten haben.

Metamorphose

Man kann den Vorgang der metamorphen Mineralbildung und des metamorphen Erzabsatzes in 3 aufeinanderfolgende Etappen gliedern (s. untenstehendes Schema).

In der *ersten Etappe*, die einem mittleren Stadium der geosynklinalen Entwicklung des Gebiets entspricht und mit der Bildung von Faltenstrukturen abgeschlossen wurde, erfolgte die Umkristallisierung und Dehydratisierung der gesteinsbildenden Komponenten, die organische Substanz wurde karbonisiert und polymerisiert, die Sorptionsbeziehungen mit Uran wurden vollkommen zerstört. Das aus den produktiven Schichten der schwarzen Schiefer und dolomitisierten Kalksteine freigewordene Uran migrierte wahrscheinlich auf eine Entfernung von einigen hundert Metern und konzentrierte sich im wesentlichen innerhalb der gleichen Schichten unter Bildung dispergierter Oxyde (?) des Urans (Bereiche mit unsichtbarer Vererzung). Nach der in den erzführenden schwarzen Schiefern (im Gegensatz zum tauben Gestein) zu beobachtenden reziproken Abhängigkeit zwischen Urangehalt und organischem Kohlenstoff zu urteilen, erfolgte die Fällung der dispergierten Uranoxyde durch Reduktion seitens der organischen Substanz. Diese Reaktion trat in der folgenden Etappe der Mineralbildung deutlicher hervor.

In der *zweiten Etappe* werden mit dem Druckabfall und der intensivierten Zirkulation der Porenlösungen bei Fortdauer der tektonischen Bewegungen die dispergierten Uranverbindungen teilweise gelöst, und es beginnt ihre ungleichmäßige Migration (in Abhängigkeit von der tektonischen Beanspruchung der Gesteine). Diese Migration erfolgt sowohl innerhalb der produktiven Schichten des Kalksteins und der schwarzen Schiefer als auch am tektonischen Kontakt mit den überschobenen glimmrig-tonigen Schiefern. In den letzteren entstehen auf diese Weise rein metamorphe Urankonzentrationen, obgleich die Möglichkeit nicht ausgeschlossen ist, daß bereits von Anfang an in den höchsten Teilen der an organischem Material reichen Quarzit-Schiefer-Serie höhere Metallkonzentrationen vorhanden gewesen sind.

Man nimmt an, daß das Uran in Form von leichtlöslichen Komplexverbindungen des sechswertigen Urans migrierte; der Erzabsatz erfolgte bei metasomatischer Verdrängung des Gesteins in der Umgebung von reduzierend wirkenden Substanzen durch Nasturan. Es wurde genau festgestellt, daß in den glimmrig-tonigen Schiefern als Fällungszentren des Urans hauptsächlich Pyritknollen dienten, wobei der Schwefel des Pyrits reduzierend wirkte.

In den schwarzen Schiefern spielte auch in dieser Etappe die organische Substanz als reduzierendes Mittel die Hauptrolle bei der Fixierung des Urans. Pyrit und Markasit hatten nur geringe Bedeutung. Diese Erwägung gründet sich auf die bereits erwähnten strengen morphologischen Beziehungen — bei gleichem Maßstab beider Erscheinungen —, in denen die Knollen der Uranoxyde in den Erzbrekzien zur Oxydationsfront des organischen Materials des Schiefers stehen und ihrer Ab-

Schema der Mineralbildung und des Erzabsatzes bei der Metamorphose der produktiven Folge

Etappen der Mineral-bildung	Geotektonische Situation	Charakter der Umwandlungen	Charakteristische Produkte der Metamorphose	Verhalten des Urans
I	Mittleres Stadium der geosynklinalen Entwicklung mit Einbeziehung der Hauptphase der varistischen Faltung	Umkristallisation der Gesteine, Dehydratisierung der Mineralkomponenten, Karbonisierung der organischen Substanz	Dolomit, Kalkspat, Sericit Pyrit, dispergierte Oxyde (?) des Urans[1]), Quarz, Sericit, Pyrit, dispergierte Oxyde (?) des Urans, Graphit, Pyrophyllit[2]), Sericit, Quarz, Pyrit[3])	Störung der sorptiven Bindungen mit der organischen Substanz, Absatz in Form dispergierter Oxyde (?)
II	Endstadium der geosynklinalen Entwicklung. Abschwächung der Faltung, verstärkte Zirkulation der Porenlösungen	Vererzungsmetasomatose	Nasturan[1]) Nasturan, Markasit, Oxydationsprodukte der organischen Substanz (Huminsäuren)[2])	Teilweise Lösung der dispergierten Uranoxyde { Metasomatische Verdrängung des Gesteins um Pyritmetakristalle herum durch Nasturan. Metasomatische Verdrängung des Gesteins und des mylonitischen Bindemittels an der organischen Substanz, weniger bei Pyrit und Markasit, durch Nasturan. Migration des Urans in stark deformierte Bereiche der glimmrig-tonigen Schiefer hinein.
			Nasturan[3])	Metasomatische Verdrängung des Gesteins um Pyrit herum (Metakristalle, Konkretionen, Mikrotrümer)[3]) durch Nasturan
III	Weiteres allmähliches Abklingen der tektonischen Bewegungen	Bildung von alpinen Gängen und eines Bindemittels der Brekzien	Dolomit, Kupferkies, Markasit, Pyrit[1]). Quarz, Graphit, Pyrobitumen. Pyrit, Markasit, Kupferkies[2]). Pyrit, Quarz, Kaolinit, Kupferkies, Schwerspat[3])	Seltene Fälle einer Fällung des Nasturans am Gangpyrit der Frühgeneration. Einzelfälle einer Regeneration des Naturans in Quarztrümern
IV	Bildung posttektonischer Verwerfungsstörungen			

[1]) In dolomitisierten Kalksteinen [2]) In kohlig-kieseligen und kohlig-tonigen Schiefern (Wechsellagerung) [3]) In pyritisierten glimmrig-tonigen Schiefern

lagerung am Ort der Oxydation des organischen Materials (s. Abb. 3 und 4).

Physikalisch-chemische Untersuchungen des Oxydationsvorganges bei fossilen Kohlen verschiedenen Inkohlungsgrades wiesen nach (KERR, 1956), daß selbst die hochkarbonisierten (metamorphisierten) Kohlen infolge der Reaktion zwischen dem Sauerstoff und den hexagonalen Kohlenstoffringen der Pseudokristallite, die bei Inkohlung der Kohle entstehen, oxydiert werden können. F. W. ORESCHKO (1953) wies mit einer Anzahl von Experimenten die Periodizität der Oxydierung der Kohle nach, wobei zwei Produkte der Kohlenoxydation, sogenannte Kohlen-Sauerstoff-Komplexe, entstehen. Danach liefert die blasende Oxydation und die Zerstörung dieser Komplexe, die besonders beim Erwärmen auf 120 bis 150° C mit einer bedeutenden Wärmeabgabe verbunden ist, die Endprodukte der Kohlenoxydation: Huminsäuren, Kohlenstoffoxyde und Wasser.

Den Uranabsatz in den schwarzen Schiefern, insbesondere in den brekziösen, kann man sich als Oxydations-Reduktions-Reaktion vorstellen, die ohne Zutritt freien Sauerstoffs vor sich ging:

Organische Substanz + U^{6+} → „Kohle-Sauerstoffkomplex" + U^{6+}_{1+x} + U^{4+}_{x} → Huminsäuren + CO_2 + CO + H_2O + Nasturan.

Man gelangt zu diesem Schema, wenn man die Ergebnisse der erwähnten Untersuchungen beachtet und ferner die Tatsache berücksichtigt, daß die organische Substanz auch bei ungenügendem Sauerstoffzutritt durch Elektronenabgabe an Elemente mit wechselnder Valenz energisch oxydiert werden kann.

Von den Endprodukten dieser Reduktion werden folgende in den Erzbrekzien fixiert: Nasturan, oder Resturanschwärze, ferner Huminsäuren, dann auch freie Bitumina (Bitumen A); diese Bitumina werden offensichtlich bei höheren Temperaturen frei, sie sind immer zusammen mit den Huminsäuren bei der Analyse des gesteinsbildenden organischen Materials aus dem unmittelbaren Kontakt mit den Uranoxyden nachzuweisen. Diese Reaktion wurde durch die experimentellen Untersuchungen von G. P. SIDOROW und R. P. RAFALSKIJ bestätigt, denen es gelang, Uraninit bei einer Temperatur von 300° C durch Reduktion des Urans mit der organischen Substanz einer unserer Kohlenkieselschieferproben aus einer Uranylsulfatlösung zu synthetisieren.

Mit dieser originellen, örtlich auftretenden Metasomatose, die besonders intensiv in den Brekzien der schwarzen Schiefer zur Geltung kommt, wird die Mineralbildung des Urans bei den metasomatischen Vorgängen im wesentlichen abgeschlossen.

Die *dritte Etappe*, offensichtlich die Schlußetappe (SAWARIZKIJ, 1950), in der die sekretionären Trümer entstehen, ist für die Migration des Urans nicht charakteristisch (es wurden nur selten auftretende Krusten von Resturanschwärze auf Frühabsätzen des Pyrits in karbonatischen Trümern festgestellt, ferner regeneriertes Nasturan in Quarztrümern). Spuren von Verbiegungen und Deformationen der Hauptmenge der Gangminerale sowie das ruhige, langsame Wachstum von Kristallen der späteren Generation in den Drusenräumen zeugen davon, daß die Gänge während der allmählich abklingenden Bewegung entstanden. Die großen disjunktiven Störungen aus den letzten Etappen der Tektogenese, die keinerlei Mineralisation aufweisen, sind daher die obere Altersgrenze der metamorphen Umbildungen.

Bei den anderen, in den produktiven Schichten dispergierten Metallbeimengungen — Barium, Kupfer, Zink, Nickel, Vanadium, Wolfram, Blei und Molybdän — kann man die gleichen, während der Metamorphose der Schichten vor sich gegangenen Migrationsetappen feststellen wie bei Uran. Das wird auch durch eine direkte Korrelation dieser Metalle mit Uran bestätigt. Allerdings unterscheiden sich offensichtlich in Einzelheiten die Migrationswege der einzelnen Elemente infolge der gesetzmäßigen metamorphen Differentiation. So wurde z. B. Nickel bereits in den Anfangsetappen des Prozesses bei der Umkristallisation der Gesteine teilweise als Sulfid ausgefällt (vereinzelte Bravoitkörner) teilweise zusammen mit Nasturan (Chloanthit); für Kupfer, Zink, Blei und Barium ist dagegen kennzeichnend, daß sie in den abschließenden Etappen des Prozesses in den sekretionären Gängen in Form von Kupferkies (2 Generationen), Zinkblende, Bleiglanz und Schwerspat abgesetzt werden. Derartige für die produktive Folge typische Elemente wie Vanadin, Wolfram, Molybdän und Kobalt konzentrieren sich in wechselnden Mengen in den uranführenden Teilen der Gesteine, sie bilden aber keine eigenen Minerale; in den späteren Gangbildungen fehlen sie [2]).

Hypergenese

Die langsame und anhaltende Zirkulation der Untertagewässer, die mit dem Einsetzen der Abtragungsvorgänge begann und besonders seit dem Tertiär wiederauflebte, führte dazu, daß die Oxydation der Erzkonzentrationen begann und unter dem Grundwasserspiegel eine mächtigere Zone der sekundären Anreicherung entstand.

Die hypergenetischen Vorgänge, die in Zonen tektonischer Störungen, offenen Spalten, Drusenräumen und in Bereichen mit höherer Porosität der Gesteine besonders intensiv verlaufen, üben wesentlichen Einfluß auf die Neuverteilung des Urans in der produktiven Folge aus; sie führen zu einer Umbildung des Nasturans in Restschwärze und zur Entstehung größerer Konzentrationen einer sekundären Uranvererzung in eng örtlichen Bereichen (die jedoch nicht die ursprüngliche schichtige Gestalt der Erzakkumulationen stören).

Daher laugen in den erzführenden schwarzen Schiefern die vadosen Wässer infolge ihrer hohen, durch die Oxydation des feinverteilten Pyrits und des organischen Materials hervorgerufenen Azidität das Uran aus den Erzlagern vollständig aus; dieser Prozeß beginnt unmittelbar unter der Oberfläche und reicht bis zu einigen Dutzend Metern Teufe. Das Uran wird in Form dünner Filme von regenerierten Schwärzen in tiefere Horizonte umgelagert (Zone der sekundären Anreicherung) und mit den Grundwässern weggeführt. Hierbei wird es teilweise in der Oxydationszone ausgefällt, und zwar nicht durch die schwarzen Schiefer selbst, sondern durch die mit ihnen im Kontakt stehenden pyritisierten glimmrig-tonigen Schiefer und Diabase, wobei Minerale des sechswertigen Urans entstehen.

In den übrigen produktiven Horizonten bildet sich eine normal entwickelte Oxydationszone mit kleinen Dispersionshöfen von Phosphoruranglimmern heraus. Unter dem Grundwasserspiegel liegt die Zementationszone.

[2]) Nach spektralanalytischen Untersuchungen.

Schlußbemerkungen

Alle lithologisch-mineralogischen Daten weisen darauf hin, daß der von uns charakterisierte sedimentär-metamorphe Typ der Uranvererzung sehr häufig ist.

Nach Literaturangaben muß dieser Typ in marinen Schieferformationen des Paläozoikums recht verbreitet sein, dies gilt sowohl für den Geosynklinal- als auch für den Tafeltyp. In beiden liegen im Vergleich zum Clarke-Wert die Gehalte an organischer Substanz und an Uran höher. Zu solchen Formationen gehören die schwarzen Schiefer des Gebiets von Rum Jungle (Nordaustralien), die schwarzen Schiefer der Eisenerzformation an den Großen Seen u. a. M. R. CLEPPER und D. C. WYANT (1956) nehmen an, daß Migration und örtliche Konzentration des Urans in diesen Schichten syngenetisch bei mäßiger Metamorphose erfolgen konnte.

Ein Vergleich der vorhandenen Angaben zeigt, daß für die Bildung von Uranlagerstätten bei metamorpher Umwandlung von Sedimentgesteinen mit dispers verteiltem Uran eine geringe Metamorphose am günstigsten ist, die in verschiedenen Bereichen der Folge mit ungleicher Intensität wirkt. Mit anderen Worten: es müssen Bedingungen gegeben sein, die eine örtliche Verstärkung der Intensität der Gesteinsumwandlung und die Umlagerung des Urans infolge verstärkter Zirkulation der Porenlösungen gewährleisten. Für die von uns charakterisierten Erzvorkommen im unteren Paläozoikum wurde nachgewiesen, daß die Urankonzentration bei der Regionalmetamorphose, die geringe Intensität zeigt (Quarz-Karbonat-Sericit-Fazies), durch die Anlage von Bruchspalten und tektonischen Störungen, die in den Frühetappen der Tektogenese entstanden, gefördert wurde. Jedoch muß die Tektonik beim Erzabsatz nicht bei allen Erzvorkommen des sedimentär-metamorphen Typs eine solche entscheidende Rolle spielen, da man annehmen kann, daß ein anisotropes Medium bei der Metamorphose durch Horizonte mit höherer Porosität, durch Wechsellagerung von Schichten verschiedener lithologischer Zusammensetzung und Kompetenz oder durch andere Faktoren bedingt werden kann.

Literatur

BETECHTIN, A. G.: Nachr. Akad. Wiss. UdSSR, Geol. Ser., Nr. 4, 1944.
CLEPPER, M. P. & D. C. WYANT: Die Uranprovinzen. – Aus dem Buch: Geologie der Rohstoffe für die Atomenergie (Vorträge ausländischer Wissenschaftler auf der Internationalen Konferenz zur friedlichen Nutzung der Atomenergie). Gosgeoltechisdat, 1956, S. 1.
DOMAREW, W. S.: Geologie der Uranlagerstätten der kapitalistischen Länder. – Gosgeoltechisdat, 1956.
KERR, P. F.: Die Uran- und Thoriumlagerstätten. – Aus dem Buch: Geologie der Rohstoffe für die Atomenergie (Vorträge ausländischer Wissenschaftler auf der Internationalen Konferenz zur friedlichen Nutzung der Atomenergie). Gosgeoltechisdat, 1956, S. 192.
McKELVEY, V. E. & I. M. NELSON: Characteristics of marine uranium-bearing sedimentary rocks. – Econ. Geol. 45, 35 (1950).
ORESCHKO, F. W.: Sammelband „Chemie und Genese der festen Brennstoffe“, 1953, S. 162.
SAWARIZKIJ, A. N.: Sammelband „Die Kieslagerstätten des Urals“. Verlag der Akad. Wiss. UdSSR, 1950, S. 7.
SAWARIZKIJ, W. A: Sammelband „Die Kieslagerstätten des Urals“. Verlag der Akad. Wiss. UdSSR, 1950, S. 19.
SHEMTSCHUSHNIKOW, J. A.: Nachrichten des Leningrader Berginstituts, XXVII, Lief. 2 (1952).
STRACHOW, N. M.: Die Diagenese der Sedimente und ihre Bedeutung für die Bildung sedimentärer Erze. Nachr. Akad. Wiss. UdSSR, Geol. Ser. Nr. 5, 1953.
TURNER, F. D.: Die Evolution der metamorphen Gesteine. – Verlag für ausländische Literatur, 1951.

Über das Auftreten von explosiven Gasen in Erzbergwerken

HORST ULBRICH, Berlin

1. Einleitung

Die Zentrale Vorratskommission für mineralische Rohstoffe (ZVK) verlangt zu den von den Industrie- und Erkundungsbetrieben einzureichenden Vorratsberechnungen gemäß der Richtlinien über Form und Inhalt von Vorratsberechnungen (1957) einen entsprechenden geologischen Bericht, der alle Angaben, die zur Bestätigung der Vorräte notwendig sind, sowie alle bei den Erkundungsarbeiten erzielten geologischen Ergebnisse enthalten muß. Von einigen Geologen der Industriebetriebe wurde die Notwendigkeit dieser umfassenden Berichterstattung noch nicht erkannt und mehrfach darauf hingewiesen, daß die Forderungen unter IIIa der Richtlinien in den Punkten 5 bis 7 weitgehend überflüssig seien. So wird im Abschnitt 7 (Bergtechnische Bedingungen zum Abbau der Lagerstätte) u. a. gefordert, Gasausscheidungen des nutzbaren Minerals und der Nebengesteine zu beschreiben. Im gleichen Abschnitt werden Angaben über die geologischen Faktoren verlangt, die die Gewinnung beeinflussen und die Durchführung spezieller Maßnahmen beim Abbau notwendig machen. Daß diese Forderung nicht nur für die Steinkohlen- oder Kalibetriebe wichtig ist, sondern auch für Erzbetriebe Bedeutung hat, sollen nachstehende Ausführungen bekräftigen.

Das Auftreten explosiver Gase (vor allem Methan) ist nach den heute vorliegenden Ergebnissen nicht mehr eine ausschließliche Besonderheit des Steinkohlenbergbaues. Immer häufiger treten auch beim Abbau von Erzlagerstätten derartige Erscheinungen auf. So kam es in den letzten 15 Jahren in der Sowjetunion und in anderen Ländern wiederholt vor, daß Erzgruben schlagwettergefährdet waren. Je mehr sich der Erzbergbau ausdehnte und in den Abbau viele neu erschlossene Lagerstätten der verschiedensten nutzbaren Mineralien einbezogen wurden und auch in alten Gruben der Abbau auf tieferen Sohlen weitergeführt wurde, stellte man vor allem seit 1940 in der Sowjetunion fest, daß sich die Fälle des Auftretens großer und damit gefährlicher Mengen von Methan häuften. Das erforderte einerseits von den Geologen die Ursachen für die Bildung dieser Gase zu klären, andererseits von den Bergleuten die Suche nach gefahrlosen Verfahren zur Durchführung der Sprengarbeiten einzuleiten.

2. Ursachen für das Auftreten explosiver Gase

Methan kann unter folgenden Umständen beim Abbau von Erzlagerstätten vorkommen:

a) wenn die Erzvorkommen, die magmatisch, metamorph oder sedimentär entstanden sind, in unmittelbarer Nähe von Sedimenten liegen, die Kohlenflöze führen;

b) wenn bei der Bildung der Erzvorkommen organische (pflanzliche) Rückstände eingeschlossen wurden, die in der Folgezeit Methan bildeten;

c) wenn die Lagerstätte oder die Nebengesteine bituminös sind;

d) wenn das Erzvorkommen in der Nähe von Erdöl- oder Erdgasvorkommen liegt.

In der UdSSR vorgenommene Untersuchungen ließen erkennen, daß im Erdöl enthaltene Gase aus großer Teufe in die Atmosphäre und in einzelnen Fällen auch innerhalb der Gesteinsschichten in horizontaler Richtung auf beträchtliche Entfernungen migrieren können.

Erwähnt werden muß auch das Auftreten von Methan in alten, unbewetterten Grubenbauen infolge der Zersetzung des Grubenholzes und anderer organischer Stoffe durch Fehlen frischer Wetter.

3. Beispiele für das Auftreten explosiver Gase in Erzgruben

Methan tritt entweder in reiner Form oder mit Beimengungen anderer Kohlenwasserstoffe sowie Wasserstoff auf.

In der Sowjetunion sind u. a. die polymetallische Lagerstätte von Norilsk und die Manganerzgruben von Nikopol, in der DDR die Betriebe des Kupferschieferbergbaus, in England die Eisenerzgruben im Gebiet von Cleveland, in Canada die polymetallischen Lagerstätten der Provinz Ontario und in Südafrika einige Golderz- und Uranbergwerke im Oranje-Freistaat als gasführend bekannt. A. M. ALJAMSKIJ verwies 1957 auf die weite Verbreitung erdöl- und erdgasführender Gesteine auf dem Gebiet der UdSSR und damit auf die Möglichkeit einer Erhöhung der Zahl gasführender Erzgruben. Insbesondere betrifft das Lagerstätten in großer Teufe. Bei der Erkundung der norddeutschen Eisenerze und der Blei-Zink-Schiefer im Raum von Spremberg ist ebenfalls damit zu rechnen, daß explosive Gase angetroffen werden, die für den späteren Abbau besondere Maßnahmen erforderlich machen. Es sollen nun die bereits erwähnten Erzvorkommen näher betrachtet werden.

a) Die Lagerstätte von Norilsk (Sibirien)

Die Vererzung hat hier polymetallischen Charakter und ist an die sehr harten Gabbrodiabase gebunden, die in Form von Lagergängen in die Labradorporphyrite und Andesindiabase eingeschaltet sind. Im Liegenden der Porphyrite und Diabase lagert eine Sedimentabfolge mit Sandsteinen, Tonschiefern, Kohlenschiefern und Kohlenflözen. In beträchtlicher Erstreckung liegt das Erzlager unmittelbar den Sedimentgesteinen auf. Abb. 1 zeigt ein schematisches Profil durch einen Feldesteil des zur Zeit im Tiefbau abgebauten Vorkommens. Alle Gesteine im Bereich der Lagerstätte sind stark zerklüftet. Die meisten Klüfte, die nur 1 mm und weniger mächtig sind, fallen steil ein (70–90°). In der Zone ewigen Frostes, die hier 170–200 m tief hinabreicht, sind die Gesteinsklüfte mit Eis gefüllt, während sie tiefer im Bereich der Zone positiver Temperaturen offen sind. Die Kohlenflöze in den liegenden Sedimentgesteinen enthalten Methan mit Beimischung von etwas Wasserstoff. Der Gasgehalt beträgt 10–15 m^3/t. Beim Abbau im Tiefbau treten die explosiven Gase aus, und zwar in Form von „Bläsern" ähnlich den Kohlensäurebläsern im Kalibergbau. Es treten ständige Bläser mit konstanter Intensität über längere Zeit (Jahre) auf, daneben gibt es auch periodisch auftretende Ausblasungen (10–40 Tage). In den höheren Lagerstättenteilen (Zone des ewigen Frostes) ist die Methanausscheidung unbedeutend, da das Eis in den Klüften das Eindringen von Gas in die Grubenbaue verhindert. In der Zone der positiven Temperaturen stehen die Klüfte offen, so daß die Gase hier austreten können. Besonders bei Schießarbeiten kommt es deshalb hier zu ernsten Schwierigkeiten in den Grubenbauen. A. M. ALJAMSKIJ (1957), der die Norilsker Lagerstätte 1956 eingehend untersuchte, berichtet davon, daß bereits bei der Erkundung der Lagerstätte ernsthafte Schwierigkeiten auftraten. Beim Niederbringen einer OT-Bohrung erreichte man in 221 m Teufe noch im Bereich der Labradorporphyrite die Zone der aufgetauten Gesteine, als es unerwartet zu einer Gaseruption kam, und eine Gassäule 13 m hoch stieg. Der Ausbruch dauerte 19 Tage. Wie später festgestellt wurde, befand sich z. Z. des Ausbruches das Bohrlochtiefste noch 200 m oberhalb der ersten Kohlenflöze. W. B. KOMAROW berechnete, daß in den Norilsker Grubenbauen im Mittel etwa 30 m^3 Methan/Tag je 1000 m^2 freigelegter Fläche ausgeschieden werden. Über die Herkunft des Gases und die Migration bestehen verschiedene Hypothesen; so u. a. vertritt M. F. SMIRNOW die Meinung, daß es sich um mit Methan gefüllte Klüfte handelt, die das Gesteinsmassiv durchsetzen.

b) Das Eisenerzvorkommen von Cleveland (England)

Die Lagerstätte hat die Form eines flach einfallenden, flözartigen Lagers mit einer Mächtigkeit, die zwischen 1,5 und 3,5 m und einem Flächeninhalt von etwa 150 km^2 schwankt. Im Hangenden des Lagers liegen 9 bis 18 m mächtige bituminöse Schiefer, das Liegende bilden Sedimente des Unteren Jura. Stellenweise ist das Eisenerzflöz mit flüssigem Bitumen getränkt, das unmittelbar aus den überlagernden Schiefern herausgesickert ist. Aus Abb. 2 ist ein Profil durch eine der Erzgruben ersichtlich. Nach Mitteilung von H. J. PERRINS (1954) kommt hier in den Grubenbauen ein Gas vor, das aus einem Gemisch von Methan, Wasserstoff und schweren Kohlenwasserstoffen (Propan, Butan) besteht. Es scheidet sich in der Hauptsache aus den hangenden bituminösen Schiefern und teilweise aus den Liegendgesteinen ab, aber auch aus dem abgebauten Erz, wenn dieses mit Bitumen getränkt ist. Es kam häufig zur Anhäufung gefährlicher Gaskonzentrationen und auch zu Explosionen. Der Abbau der Erze erfolgte im Kammer- und Pfeilerbau mit Sicherheitspfeiler. Um den Gasgehalt in den Grubenbauen zu vermindern, bohrte man in die Firste der Kammern besondere Bohrlöcher zur Entgasung. Das daraus austretende Gas zündete man an. Die Verbrennung an der Bohr-

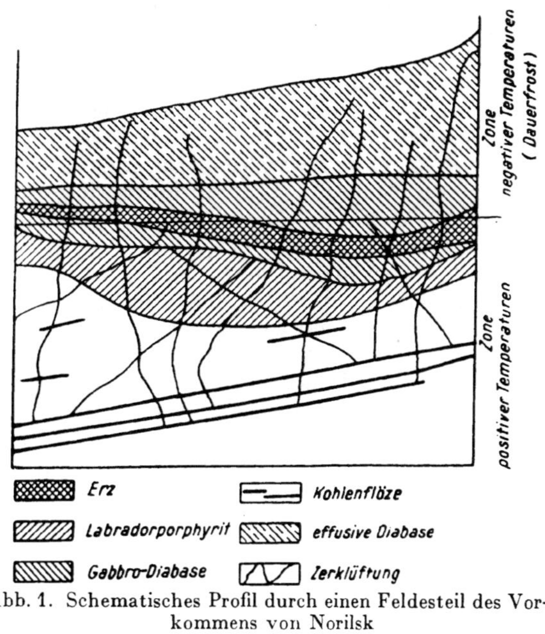

Abb. 1. Schematisches Profil durch einen Feldesteil des Vorkommens von Norilsk

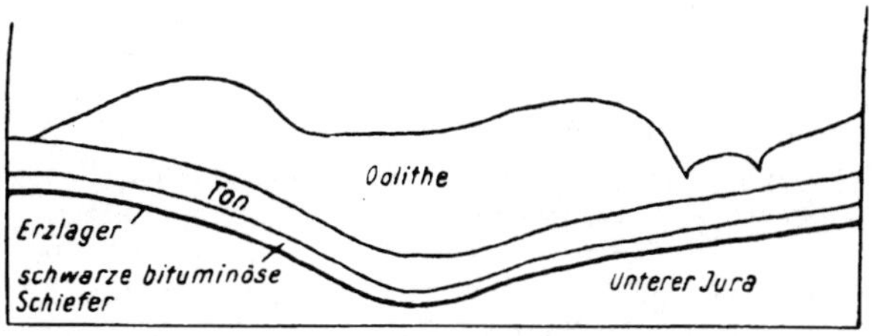

Abb. 2. Schematisches Profil durch einen Teil des Vorkommens im Bezirk Cleveland (England)

lochmündung hielt längere Zeit an. Im zweiten Weltkrieg kam es infolge des mechanisierten und rasch fortschreitenden Abbaus zu mehreren schweren Schlagwetterkatastrophen

Die Vorkommen im Bezirk Ontario (Canada)

Nachdem der Abbau auf diesen polymetallischen Lagerstätten bis 1941 in Teufen um 400 m umging, wurde kein Gas festgestellt. Erst mit dem Übergang zu tieferen Horizonten wurde in 17 Gruben Methan nachgewiesen. Besonders die Golderzlagerstätte Central Patricia wurde stark von Schlagwetterexplosionen heimgesucht. Die präkambrischen Gesteine dieses Bezirkes bestehen aus Diabasen, Quarzporphyriten, Quarziten, Tuffen u. a. Sie sind durch zahlreiche Sprünge und Verschiebungen gestört und in den tieferen Horizonten von einer großen Zahl Klüfte durchsetzt. Der Abbau geht jetzt in etwa 1000 m Teufe um. Abgebaut werden die goldhaltigen Pyrit-Arsenkies-Gänge, die in Fe-haltigen Gesteinen aufsitzen. Das Methan ist meistens an Taschen gebunden, die in allen Gesteinsarten auftreten können, und zwar vorwiegend an Störungen, Kontakten oder Klüften. Die Herkunft der Gase ist noch nicht geklärt, man vermutet, daß sie sich bei sehr hohem Druck aus kohlenstoffhaltigem Material gebildet haben. Es ist durchaus möglich, daß das Methan in ganz bestimmten Gesteinen entstanden ist und dann in andere migrierte (TIGERT 1951).

d) Die Golderz- und Uranlagerstätten des Oranje-Freistaates (Südafrika)

Gegenwärtig sind fast alle Gold- und Uranerzgruben des Oranje-Freistaates schlagwettergefährdet. Neben Methan tritt Wasserstoff auf, dessen Gehalt in dem Gemisch brennbarer Gase gewöhnlich 20–30% beträgt, in Einzelfällen aber bis auf 50% steigt. Die Entzündungstemperatur von Wasserstoff im Gemisch mit Luft liegt bei 585° C, also bedeutend niedriger als die Zündtemperatur eines Methan-Luft-Gemisches. Bei einem Gehalt der Luft an beiden Gasen ergeben sich gefährliche Verhältnisse, da die zur Entzündung des Gemisches notwendige Temperatur geringer sein wird als bei einem Methan-Luft-Gemisch.

Die Quelle der explosiven Gase in den Erzgruben des Oranje-Freistaates bilden kohleführende Schichten von Sedimentgesteinen, die über den goldhaltigen Quarziten lagern. Man nimmt an, daß CH_4 und H_2 von deszendenten Wässern aus den kohleführenden Schichten gelöst werden und in tieferen Horizonten unter bestimmten p-, T-Bedingungen auf Spalten, Sprüngen und Kontakten in die tiefer liegenden Erzhorizonte eindringen, von wo aus sie beim Abbau frei werden, da Druckentlastung eintritt.

Beim Niederbringen von Versuchsbohrungen tritt hier in der Regel eine große Menge Gas unter Druck aus. Das Ausströmen des Gases dauert gewöhnlich monatelang.

In jüngster Zeit ereigneten sich auch in den Erzgruben des Witwatersrandes (Südafrikanische Union) Methanexplosionen.

e) Das Kristallin des Erzgebirges (DDR)

Bei der Untersuchung der Blei-Zinkvorkommen im südl. Teil des Freiberger Erzbezirkes, dem Brander Revier, stieß man 1956 bei Untertagebohrungen auf wasserführende Gangzonen im Glimmerschiefer, aus denen geringe Gasmengen ausströmten. Die Gase bestehen in der Hauptsache aus Stickstoff, enthalten aber auch Edelgase (He, Ne, Ar) und Kohlenwasserstoffe. In einer sehr interessanten Veröffentlichung weist GOTTE (1958) darauf hin, daß die Herkunft dieser Gase keinesfalls aus zersetztem Grubenholz abzuleiten ist. Es liegt nahe, daß die auftretenden Kohlenwasserstoffe mit den in diesem Gebiet früher abgebauten kohlenstoffhaltigen Uranerzen genetisch verknüpft sind. Die Herkunft des Methans ist jedoch noch unklar.

4. Schlußfolgerungen

Das Auftreten explosiver Gase ist heute nicht mehr eine ausschließliche Besonderheit des Kali- oder Kohlenbergbaus, sondern zeigt sich immer häufiger auch beim Abbau von Erzlagerstätten.

Da Erze und deren Nebengesteine bedeutend größere Gesteinshärte als Salze oder Kohle aufweisen, sind Schießarbeiten bei der Ausführung von bergmännischen Arbeiten (Schachtabteufen, Streckenauffahren u. a.) unerläßlich. Es ist eine Tatsache, daß die Schießverfahren in harten Gesteinen bei Anwesenheit explosiver Gase in den Grubenwettern noch bei weitem nicht eingehend erforscht sind. Aus den Erfahrungen des Norilsker Kombinats (Sowjetunion) und auch denen der Erzgruben im Bezirk Cleveland (England) ist ersichtlich, daß die Anwendung von Schießverfahren, wie sie in schlagwettergefährdeten Steinkohlengruben üblich sind (wenig brisante Sicherheitssprengstoffe), in harten Gesteinen keine Gewähr weder für die Wirksamkeit noch für die Gefahrlosigkeit der Arbeiten geben.

Es ist erforderlich, daß Schießverfahren ausgearbeitet werden, die unter den Verhältnissen schlagwetterführender Erzgruben gefahrlos sind. Dabei sollten neben den bisher vorliegenden Erfahrungen aus schlagwettergefährdeten Gruben auch weitgehend die Ergebnisse der sowohl in der Sowjetunion wie auch in anderen Ländern durchgeführten ausgedehnten Forschungen über die Ursachen und den Mechanismus der Entzündung eines Methan-Luft-Gemisches bei Schießarbeiten ausgewertet werden.

Es ist außerdem zu erwarten, daß die gefahrlosen Schießverfahren offenbar wesentliche Änderungen an den üblichen Abbausystemen, an der Bewetterungstechnik und an anderen technischen Anlagen der Erzgruben notwendig machen.

Die Ingenieure und Techniker des VEB Schachtbau, Verfestigungen und Abdichtungen sollten bei den durchzuführenden bergmännischen Arbeiten zur Erkundung von neuen Erzlagerstätten in der DDR auch dieses Problem beachten und die entsprechenden Vorkehrungen treffen.

Literatur

ALJAMSKIJ, A. M.: Das Auftreten explosiver Gase in Erzbergwerken. – Gornij Journal, 1957, H. 6, S. 21–25.
GOTTE, W.: Über ein bemerkenswertes Gasvorkommen im Kristallin des Erzgebirges. – Geologie, 1958, H. 3–6, S. 720–723.
PERRINS, H. J.: Transactions of the Institution of Mining Engineers. – 1954, june, v. 113, p. 763–796.
TIGERT, T. T.: The Canadian Mining and Metallurgical Bulletin 1951, February Nr. 446, p. 70–73.
Richtlinien der ZVK über Form und Inhalt von Vorratsberechnungen v. 6. Februar 1957. – Z. angew. Geol. (1957). H. 4, S. 189–191.

Erste praktische Anwendung der feinstratigraphisch-geochemischen Ca-Mg-Horizontierungsmethodik für die Kalklagerstättenerkundung [1]

(Vorläufige Mitteilung)

KARL-BERNHARD JUBITZ, Berlin

Nach Abschluß der theoretischen Voruntersuchungen gelangte jetzt erstmalig ein neues Erkundungsverfahren für *Karbonatgesteine* im Rahmen einer Kollektivarbeit zwischen dem Geotektonischen Institut der Deutschen Akademie der Wissenschaften zu Berlin und dem VEB Zementwerk Schwanebeck zum praktischen Einsatz, indem beide gemeinsam ein mittelgroßes Kalklagerstätten-Erkundungsobjekt im Oberen Muschelkalk (Huywald-Struktur) auf der Basis feinstratigraphischer Korrelierung nach chemischen Diagrammen — methodisch etwa ähnlich der Horizontierung nach elektr. SCHLUMBERGER-Diagrammen — durchgeführt haben.

1. Arbeitsmethodik

Die durchschnittlich 35 m tiefen Bohrungen waren wegen der schwachen Bruchtektonik des Untersuchungsgebietes rasterförmig angeordnet, der mittlere Abstand von Bohrloch zu Bohrloch betrug etwa 60 m. In 40% der Fälle wurde die stratigraphisch scharf bestimmbare Grenze Oberer Muschelkalk/Mittlerer Muschelkalk durchfahren, um parallel und ergänzend zu den chemischen Diagrammen der einzelnen Bohrprofile auch noch petrographische Kontrollbestimmungen durchführen zu können.

Das geochemische Richtprofil ließ sich direkt am Rande der benachbarten, im Abbau stehenden Großsteinbrüche der dortigen Zementindustrie abbohren und mit dem bereits vorhandenen feinstratigraphischen Richtschnitt vorausgegangener Untersuchungen kombinieren.

Die Spülprobenaufnahme für die chemischen Reihenanalysen (Gesamtkarbonat $CaCO_3$, $MgCO_3$) erfolgte meterweise.

Wesentliche ergänzende Hinweise für die Deutung der chemischen Bohrprofile gaben außerdem Gewichtsbestimmungen der Spülproben und die dazugehörigen Spektren der Korngrößenanalysen.

2. Technik

Zum Einsatz gelangte ein Salzgitter-Bohrgerät H 60 mit 95 mm-Vollbohrkronen (Dieselantrieb); gespült wurde von einer fahrbaren Kompressoranlage mit Preßluft, bei Erreichen des hochgelegenen Grundwasserspiegels dann mit einer kombinierten Preßluft-Grundwasserspülung. Für den Probenauffang fanden vom Gerätewerk der Deutschen Akademie der Wissenschaften zu Berlin konstruierte Auffangvorrichtungen Verwendung.

Das Umsetzen des Bohrgerätes erfolgte auf Schlitten mittels Traktoren, wobei sich ein Minimum an toter „Standzeit" ergab.

Der Materialgewinn an Spülproben betrug durchschnittlich etwa 80—90%, liegt also um ein Mehrfaches höher, als es erfahrungsgemäß bei normalen Kernbohrungen in diesen flachen Teufenbereichen (< 50 m) und dieser bohrtechnisch schwierig zu bearbeitenden Kalk-Tonmergel-Wechselfolge der Ceratitenschichten zu erwarten gewesen wäre. Dadurch war eine korrekte Durchschnittsprobenaufnahme als Ausgangsbasis für die geochemischen Untersuchungen gewährleistet.

Bohrtechnische Schwierigkeiten traten infolge der ungünstigen Witterungsbedingungen vor allem beim Ansatz der Bohrungen (Anbohren) durch Vereisung der Preßluft-Austrittsdüsen an den Vollbohrkronen (JOULE-THOMSON-Effekt) auf, ferner beim Durchbohren der Oberfläche des Grundwasserhorizontes sowie in mächtigeren Tonmergelzonen (Verstopfen der Düsen und damit ungleichmäßige Förderung der Spülproben).

3. Ergebnis

Wissenschaftlich: Insgesamt ließ sich der wissenschaftliche Nachweis führen, daß sich das feinstratigraphisch-petrographische Profil des Oberen Muschelkalkes im engeren Untersuchungsgebiet durch ein entsprechendes geochemisches ersetzen läßt, da der Sedimentationsrhythmus Kalk/Ton bzw. darüber hinaus auch Dolomit/Kalk/Ton charakteristisch genug ist, um anhand der geochemischen Diagramme benachbarte Bohrprofile stratigraphisch miteinander zu vergleichen und damit den Aufbau sowie die Zusammensetzung des Kalkvorkommens zu erkennen. Eine Feinhorizontierung der Schichteinheiten mittels numerischer Einzelwerte ist hier nicht möglich, ausgenommen von einigen Tonmergelhorizonten im Liegenden der Ceratitenschichten, die infolge ihres geringen Karbonatgehaltes auffällige Minima in der chemischen Gesamtkurve hervorrufen.

Besonders ist in diesem Zusammenhang darauf hinzuweisen, daß ebenfalls die petrographisch sonst so bezeichnende Grenze Mittlerer Muschelkalk/Oberer Muschelkalk geochemisch in den Gesamtkarbonatkurven ($CaCO_3 + MgCO_3$) nicht zum Ausdruck kommt, da hier lediglich ein grundlegender Wechsel im Verhältnis Dolomit/Kalk auftritt, der methodisch nur über $MgCO_3$-Bestimmungen erfaßbar ist.

Dieser „Magnesiumstoß" an der Basis des Oberen Muschelkalkes (Gelbe Basisschichten KLEINSORGEs) wurde zusätzlich als zweite Kontrollbestimmung für die einwandfreie stratigraphische Horizontierung der Bohrlöcher untereinander benutzt, zumal er gleichzeitig in chemischer Hinsicht die untere Abbaugrenze des Kalkvorkommens für die Portlandzementfabrikation angibt.

Ökonomisch: Im Vergleich zu ähnlichen, aber mit Kernbohrungen gefahrenen Erkundungsobjekten hat das neue Verfahren seine Rentabilität voll und ganz unter Beweis gestellt: Der Meterpreis für die Bohrkosten wurde auf mehr als $^1/_{10}$ des Kernmeterpreises gesenkt, die zeitliche Bohrleistung ließ sich — obgleich die technische Zusammenstellung des Bohrzeuges durchaus noch den Charakter einer Großversuchsanlage zeigte — etwa auf das 3—4fache einer normalen Kernbohrung steigern (entsprechende Vergleichswerte für den bohr-

[1] In Anlehnung an das Vortragsreferat „Theoretische und technische Gesichtspunkte zur geochemischen Horizontierung in Ca-Mg-Gesteinen (Kalklagerstättenerkundung und tekton. Strukturanalyse)", gehalten vor der Sektion Berlin der Geologischen Gesellschaft in der DDR am 5. 6. 1958.

technisch leichter zu bearbeitenden Unteren Muschelkalk: $^1/_{20}$–$^1/_{30}$, 10–20fach; JUBITZ 1957).

Eingespart wurden allein bei diesem Objekt etwa 50000 DM, obwohl sich dabei die Qualität der Erkundung durch den höheren Spülprobengewinn und damit die bessere Entnahme von Durchschnittsmustern für die Industrie erheblich verbessern ließ.

Die Einführung dieses neuen Arbeitsverfahrens in die Praxis, an dessen Entwicklung ein Kollektiv von Geologen mitgearbeitet hat, bedeutet gegenüber der bisherigen Erkundungsform also eine beträchtliche *Rationalisierung.*

4. Ausblick

Als zweiter Betrieb in der DDR hat der VEB Erdöl und Erdgas das Verfahren versuchsweise zum Abbohren des Muschelkalkgewölbes einer Erdgasstruktur im Thüringer Becken übernommen, insbesondere zur genauen Konstruktion von Strukturarten und damit als Teilerkundung zur Klärung der grundlegenden Frage, inwieweit in Gebieten mit geringer Abteilungstektonik postsalinare Strukturen Hinweise zum Ansatz schwerer Bohrungen auf intra- und subsalinare Aufwölbungen (Erdgas) geben können.

Einzelheiten dieser Erkundungsform, vor allem methodischer Art, werden demnächst in der „Zeitschrift für angewandte Geologie" zum Abdruck gelangen, da diese Form der „kernlosen Fein-Horizontierung" sich auch auf andere schichtige Karbonatgesteine des weiteren Untersuchungsgebietes (Zechstein, Jura, Kreide) erweitern lassen wird und daher größere praktische Anwendung verspricht.

An einer Erweiterung der Methodik auch auf die karbonatarmen Gesteine wird gegenwärtig gearbeitet.

5. Literatur

JUBITZ, K.-B.: Kombinierte feinstratigraphisch-geochemische Methoden zur Rationalisierung der Kalklagerstättenerkundung. – Ber. Geol. Ges. DDR 2, S. 121, Berlin 1957.

– Zur feinstratigraphisch-geochemischen Horizontierungsmethodik in Kalksedimenten (Trias). – Geologie (im Druck).

Einige ingenieurgeologische Probleme beim Bau von Talsperren in der ČSR

RICHARD KÖHLER & FRITZ REUTER, Berlin & Jena

1. Einführung

Anläßlich eines Erfahrungsaustausches mit tschechoslowakischen Talsperren-Geologen hatten die Verfasser im Oktober 1957 Gelegenheit, einige Talsperren in der ČSR zu besuchen. Es war möglich, an verschiedenen Objekten die wichtigsten geologischen Erkundungsmethoden kennenzulernen. Von der Vielzahl der besuchten Talsperren in den Beskiden, im tschechischen Erzgebirge und im Böhmerwald sollen nur einige herausgegriffen werden, deren geologische Bearbeitung auch für die Ingenieurgeologen der DDR von Interesse sein dürfte. Es handelt sich um Abdichtungsmaßnahmen und deren Vorversuche, wie sie uns am Beispiel der Talsperren im Morava-Fluß und bei Žermanice gezeigt wurden. Die Errichtung von Kraftwerken in einem Fluß lernten wir an den Sperren bei Slapy und Orlic in der Moldau kennen. Schließlich kann noch über die geologischen Arbeiten bei der Anlage eines Kavernenkraftwerkes bei Lipno im Oberlauf der Moldau berichtet werden.

Von tschechischer Seite wurden wir durch die Kollegen Dr. PROKOP, Ingenieur ROTH, Ingenieur SEJICE und deren Mitarbeitern geführt, denen wir an dieser Stelle unseren Dank sagen möchten. Unser Dank gebührt weiterhin allen Dienststellen und Fachkollegen, die uns großzügig und kameradschaftlich einen Einblick in die Tätigkeit der Ingenieurgeologie gewährten.

2. Talsperre bei Moravská im Morava-Fluß

Im Morava-Fluß ist ein 38 m hoher Erddamm von rund 350 m Länge geplant. Er soll als Steinschüttdamm mit wasserseitiger Tondichtung aus Lößlehm und Ton gebaut werden. Die Sperre dient der Trinkwasserversorgung.

Der Baugrund besteht aus Flysch, der im wesentlichen aus Sandsteinen und geringmächtigen Tonschieferlagen gebildet ist. Der feste Felsen wird überlagert von Lockergesteinen, die sich ganz überwiegend aus Flußschottern, Gehängeschutt und Aulehm zusammensetzen.

Als geologische Untersuchungsarbeiten wurden nach der Durchführung eines Schurfprogrammes, das die Mächtigkeitsverhältnisse der Lockergesteinsschichten klären sollte, mehrere Kernbohrungen jeweils in Gruppen zu 3 Löchern niedergebracht, in denen Wasser-Durchlässigkeitsprüfungen und Zementinjektionen durchgeführt wurden. Man bohrt gewöhnlich mit Stahlschrot und verlangt einen Enddurchmesser von 79 mm. Der Kerngewinn beträgt in der Regel 90%, auch in klüftigen Gesteinen werden 30 bis 40% hierbei nicht unterschritten.

Auf Grund der Wasserdurchlässigkeitsprüfung und der Zementinjektion werden außer den bei uns üblichen Werten, wie Durchlässigkeit pro Meter und Minute bei der WD-Prüfung und aufgenommene Zementmenge pro Verpressungsstufe, von den Ingenieurgeologen noch folgende Ergebnisse verlangt:

a) Ein überschlägiger Wert über die Gesamtmenge des Injektionsgutes, das für die Anlage des späteren Dichtungsschleiers und bei der Baugrundvergütung erforderlich ist;
b) Angaben, bei welchem Verpressungsdruck die Deckgebirgsschichten eine Deformation zeigen.

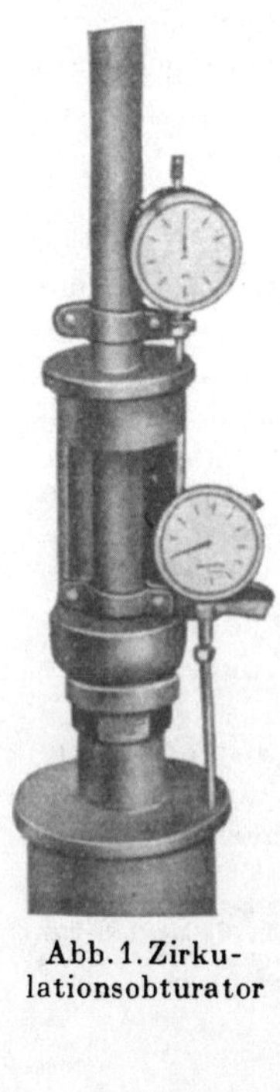

Abb. 1. Zirkulationsobturator

Aus diesen Gründen ist es auch erklärlich, weshalb die Bohrlöcher in Dreiergruppen angelegt werden. Die Ergebnisse der Wasserdurchlässigkeitsprüfung werden ganz ähnlich wie bei uns ausgewertet und dargestellt. Betreffs der Verpressung des Untergrundes werden in technischer Beziehung andere Methoden angewendet. Neuerdings verwendet man zum Absperren des Bohrloches einen sogenannten Zirkulationsobturator (Abb. 1). Die Arbeitsweise

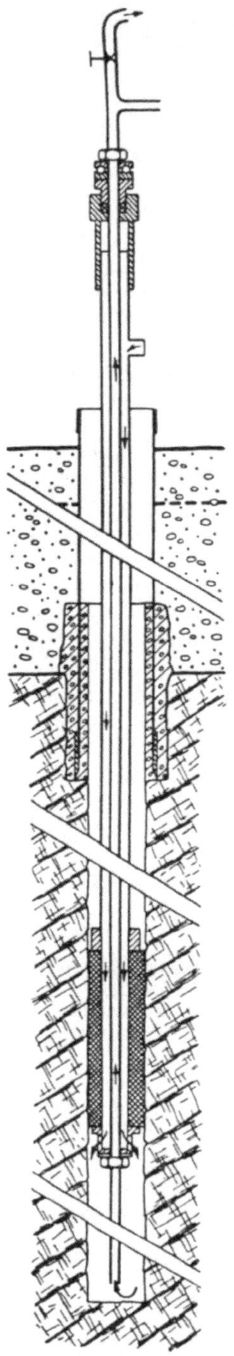

Abb. 2. Untersuchungsbohrung an der Talsperre bei Moravská (Beskiden). Meßeinrichtung zur Bestimmung des Aufwölbungsdruckes bei Probeinjektionen

dieses Gerätes ist folgendermaßen: Durch ein äußeres Rohr wird die Zement-Wasser-Suspension in das Bohrloch und die von ihm abgehenden Klüfte hineingepreßt. Man beginnt mit einem relativ zementarmen Gemisch, etwa in dem Verhältnis von einem Teil Zement und acht Teilen Wasser. Nachdem die feinsten Klüfte durch dieses Gemisch verpreßt sind, wird während des Arbeitsganges das Gemisch gewechselt unter Beibehaltung des Verpressungsdruckes und eine zementreichere Suspension eingepreßt. Der Wechsel des Gemisches ist dadurch möglich, weil der abgeschlossene Raum unterhalb des Obturators ausgespült werden kann und das erste Gemisch durch das in das Loch hineinragende Rohr wieder hinaufsteigen kann. Während des Wechsels der Gemische kann der Druck durch das Einpressen von Spülwasser beibehalten werden. Man legt Wert darauf, daß zuerst mit einem zementarmen Gemisch verpreßt wird und später der Zementanteil in der Suspension bis zu einem Verhältnis zwischen Wasser und Zement von 1 : 1 erhöht wird. Auf Grund der Vorstellung der tschechischen Ingenieurgeologen nimmt man an, daß das arme Gemisch erst in die feinsten Klüfte eindringt und sich in größeren Klüften auf der liegenden Kluftwand sedimentiert. Durch die Regulierung des Zement-Wasser Gemisches wird also ein gleichmäßiges Füllen der Klüfte und Spalten gewährleistet.

Zur Feststellung der Deformation der Gebirgsschichten verfährt man so, daß das mittlere Bohrloch einer Dreiergruppe injiziert wird und in die äußeren beiden Löcher Meßgeräte eingebaut werden (Abb. 2). Die Meßlöcher werden durch eine einzementierte Kappe nach oben hin abgeschlossen. Auf diese Kappe stößt der Stift einer Meßuhr, die an einem Rohr befestigt ist, das durch die oben erwähnte Kappe bis etwa zur halben Bohrlochtiefe hinabreicht, wo das Rohr durch eine obturatorähnliche Einrichtung festgeklemmt ist. In diesem Rohr befindet sich ein weiteres Rohr, das auf der Bohrlochsohle locker aufsitzt. An der Oberkante des Rohres befindet sich eine weitere Meßuhr, die durch einen Stift mit dem äußeren Rohr verbunden ist. Durch diese Einrichtung ist es möglich, die Aufwölbung der Gebirgsschichten in verschiedenen Teufen festzustellen. Der Druck, bei welchem die Deformation eintritt, errechnet sich nach folgender Formel:

$$p = x \cdot \gamma \cdot \mathrm{h} \cdot \mu$$

Hierin sind:

p = Druck,
x = ein Koeffizient, der Auskunft über Klüftigkeit bzw. über die Lagerungsverhältnisse gibt,
γ = spezifisches Gewicht des Gesteins,
h = Mächtigkeit der aufgewölbten Gebirgsschichten,
μ = ein Sicherheitskoeffizient.

Bei Tonschiefer rechnet man in der Regel mit $x = 1$. Bei nicht geklüftetem Granit liegt dieser Wert nach den Erfahrungen der tschechischen Kollegen zwischen 4 und 8.

Das Arbeiten mit dem Zirkulationsobturator bietet einen weiteren großen Vorteil. Während bei den bei uns gebräuchlichen Apparaten der Druck während der Wasserdurchlässigkeitsprüfung nur von dem Bohrloch abgelesen bzw. eingestellt werden kann und also die Konstanz des Druckes von der Belastung der Wasserleitung und von dem Betrieb weiterer an ihr angeschlossener Versuchsstellen abhängig ist, ermöglicht das Arbeiten mit dem Zirkulationsobturator den Druck dadurch weitgehend konstant zu halten, daß das eingedrückte Wasser aus dem äußeren Rohr austritt, in die Klüfte eindringt, dort teilweise abfließt und überschüssiges Wasser, welches bei plötzlichem Druckstoß anfällt, durch das innere, in das Bohrloch hineinragende Rohr dann abfließen kann.

Der Prüfdruck wird also an zwei Manometern gemessen, und zwar am Einlauf und Ablauf. Da es sich um selbstschreibende Manometer handelt, kann anhand der aufgezeichneten Kurve entschieden werden, ob die erhaltenen Werte brauchbar sind, oder ob die Prüfung wiederholt werden muß.

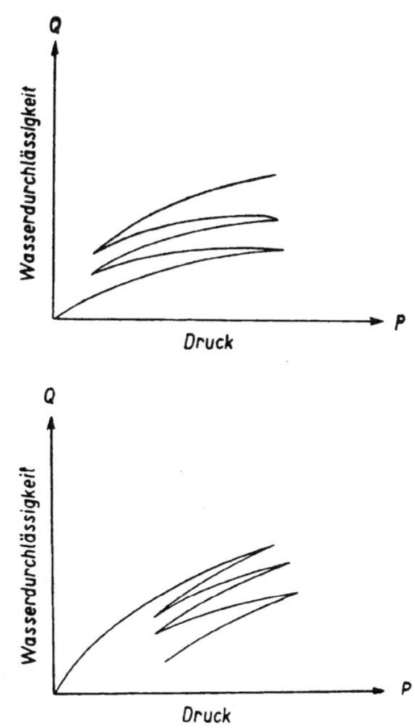

Abb. 3. Auswertungsversuch von Wasserdruckprüfungen. Es soll dabei festgestellt werden, ob die Klüfte von lehmigen Massen freigespült oder versetzt werden. Oben: Die Spalte wird freigespült. Unten: Die Spalte verstopft sich während des Prüfvorganges

Bei der Wasserdruckprobe verfährt man so, daß man mit der Prüfung bei einem Druck von 2 atü beginnt, dann auf 0 heruntergeht, mit 4 atü weiterarbeitet und in dieser Art allmählich den Druck steigert. Anhand einer graphischen Darstellung, in der auf der Ordinate der Druck aufgetragen wird und auf der Abszisse die Wasserverluste in Litern, erkennt man, ob die Klüfte sich während des Prüfvorganges säubern oder ob sie verstopft werden (Abb. 3). Bei allen Arbeiten werden grundsätzlich Kernbohrungen durchgeführt. Das ist auch bei den betrieblichen Injektionsarbeiten der Fall. Damit während des Bohrvorganges die Klüfte nicht durch den entstandenen Bohrschmand versetzt werden können, wird in der Sowjetunion und in den USA neuerdings mit indirekter Spülung gearbeitet, d. h. der Spülstrom wird außerhalb des Kernrohres in das Bohrloch hineingedrückt und kommt im Gestänge wieder aus dem Bohrloch heraus.

Bei der Darstellung der geologischen Untersuchungsarbeiten werden folgende Daten berücksichtigt (Abb.4):

1. Geologische Schichtenfolge, unterschieden nach petrographischen Gesichtspunkten.

2. Der Kerngewinn.

Hierbei werden angegeben einmal der Kerngewinn in Prozenten und zum anderen die maximale Länge der Kernbruchstücke. Es handelt sich hierbei um eine der unsrigen ganz ähnliche Darstellung, jedoch erfolgt bei uns die Darstellung des Kernes in einer Säule, wo zu beiden Seiten die geologische Schichtenfolge aufgetragen wird. Auch wir stellen den Gesamtkerngewinn und die Größe der Bruchstücke dar. Während allerdings bei uns nur der Gesamteindruck des Kernes auf Grund der Darstellung wirken kann, ist es in der ČSR möglich, die direkten Daten abzulesen.

3. Druck + hydrostatischer Druck bei der Wasserdurchlässigkeitsprüfung.

Dieses sollte deshalb nicht fehlen, da u. E. aus diesen Werten in Zusammenhang mit den Wasserverlusten zu erkennen ist, ob es sich um viele enge Spalten oder aber um einzelne weite Spalten handelt (siehe REUTER 1958).

4. Wasserverluste in Liter pro Minute und Meter.

5. und 6. Druck und Wasserverluste pro Stufe.

Während man unter Punkt 4 einen Durchschnittswert erhält, ist es anhand dieser letzten beiden Daten möglich, den Gesamtwirkungsbereich der Wasserdurchlässigkeitsprüfung darzustellen. Eine genaue Lokalisierung der Stelle, an der die Wasserverluste auftreten, ist allerdings auch hier nicht möglich, wenn die Stufe größer ist als die Zonen, in denen das Wasser abläuft.

7. Zeitdruck-Diagramm der Verpressung und das Verhältnis Wasser—Zement.

Da bei jedem Versuch Unregelmäßigkeiten auftreten, ist es aus dieser Kurve sofort ersichtlich, ob ein Wert brauchbar ist oder nicht.

8. Verbrauchtes Gemisch in Liter pro Stufe.

Auch auf Grund dieser Darstellung ist es möglich, Rückschlüsse auf die Art der Klüfte zu erhalten. Eine Spalte, die sehr viel zementarmes, dünnes Gemisch und nur eine geringe Menge an zementreichem, dickerem Gemisch aufnimmt, ist wahrscheinlich enger als eine, bei der das Verhältnis gerade umgekehrt ist.

9. Verbrauch an Zement in Kilogramm pro Stufe.

Dadurch, daß man grundsätzlich mit einer Mischung von 1 Teil Zement und 8 Teilen Wasser beginnt und mit einem dichteren Gemisch aufhört, glaubt man erreichen zu können, daß auch in sehr enge Spalten injiziert werden kann. Man geht hierbei von einigen theoretischen Erwägungen aus, die im Zusammenhang mit Abb. 3 bereits dargelegt sind. Allerdings liegen in der ČSR bisher noch keine in der Praxis gewonnenen Beweise für diese Annahme vor. Rein theoretisch gesehen dürfte die Möglichkeit der Verpressung einer Kluft nicht abhängig sein von der Art des Gemisches, sondern von der Größe der Einzelkörner des Zementes. Das heißt, jede Kluft müßte verpreßt werden können, wenn die Eingangsöffnung nicht kleiner ist als die Zementkorngröße. Es soll allerdings nicht geleugnet werden, daß bei einem dünneren Gemisch ohne weiteres die Möglichkeit gegeben ist, daß der Zement auf Grund des hohen Wasseranteiles besser transportiert werden kann.

3. Žermanice

Dieses Objekt könnte man als Überleitungssperre bezeichnen. Durch eine Sperrmauer von 38 m Höhe und 475 m Länge, die als Schwergewichtsmauer ausgebildet wird, wird das Wasser der Lučina angestaut und durch einen Kanal dem Morava-Becken zugeleitet. Der geologische Untergrund besteht aus Kreideflysch. In diesem Falle handelt es sich um Tonschiefer, der von einer Decke von Teschenit überlagert wird (Abb. 5). Durch die Erosion des Flusses ist teilweise das Eruptivgestein aus der Mitte des Tales ausgeräumt worden, so daß an manchen Stellen der Gründungssohle Tonschiefer und an anderer Teschenit ansteht. Nach Möglichkeit vermeidet man Bauwerke auf solchem Untergrund zu gründen, der infolge der verschiedenen petrographischen Ausbildung zu unterschiedlichen Setzungen neigt. In Žermanice hat man dieser Tatsache durch bestimmte bauliche Maßnahmen Rechnung getragen:

a) Die Mauer wurde in dem Bereich, wo der Tonschiefer ansteht, verbreitert, so daß die auf Grund der Laborversuche ermittelten unterschiedlichen Setzungen der einzelnen Gesteine durch die größere Fläche, auf der die Belastung ruht, weitgehendst ausgeglichen wird.

b) Es war erforderlich, auch bei der Untergrund-Abdichtung den verschiedenen Setzungen Rechnung zu tragen. Man hat in dem Bereich, wo der Tonschiefer ansteht bzw. die Teschenitdecke nur geringmächtig ist, eine Beton-Membrane, die bis 28 m unter die Geländeoberfläche reicht, 3 m breit und 112 m lang ist, auf der Wasserseite der Mauer angelegt. Die Membrane besteht aus Spannbeton und ist untergliedert in Blöcke zu je 5 m Länge. Sie ist mit der Mauer durch Anker gelenkig verbunden. Der Hohlraum, der zwischen der Membrane und der Mauer besteht, wird durch Ton ausgefüllt, der die endgültige Abdichtung herbeiführt. Der übrige Bereich der Mauer wird durch einen normalen Dichtungsschleier gesichert. Um nun eine Abdichtung zwischen der Beton-Membrane und dem Dichtungsschleier herbeizuführen, werden nach Abklingen der Setzungsbewegung der Mauer wenige Schleierbohrungen gestoßen. Interessant ist es in diesem Zusammenhang, daß Planung und Bauausführung während der Errichtung der Mauer es gestatten, entsprechend den jeweiligen unvorhergesehenen Situationen Abänderungen vorzunehmen.

4. Talsperre bei Křimov

Auf die Talsperre im Křimovbach, die als Schwergewichtsmauer ausgeführt wird und eine Höhe von 48 m mit einer Kronenlänge von 204 m erhalten wird, soll nur ganz kurz eingegangen werden. Es zeigen sich hier infolge der dort ebenfalls aufgetretenen Rutschung gewisse Parallelen zu unserer Rappbodesperre. Der geologische Untergrund besteht hier aus Biotitgneis, der sehr gut geschichtet ist. Das Streichen und Einfallen der Schieferung verläuft parallel zum rechten

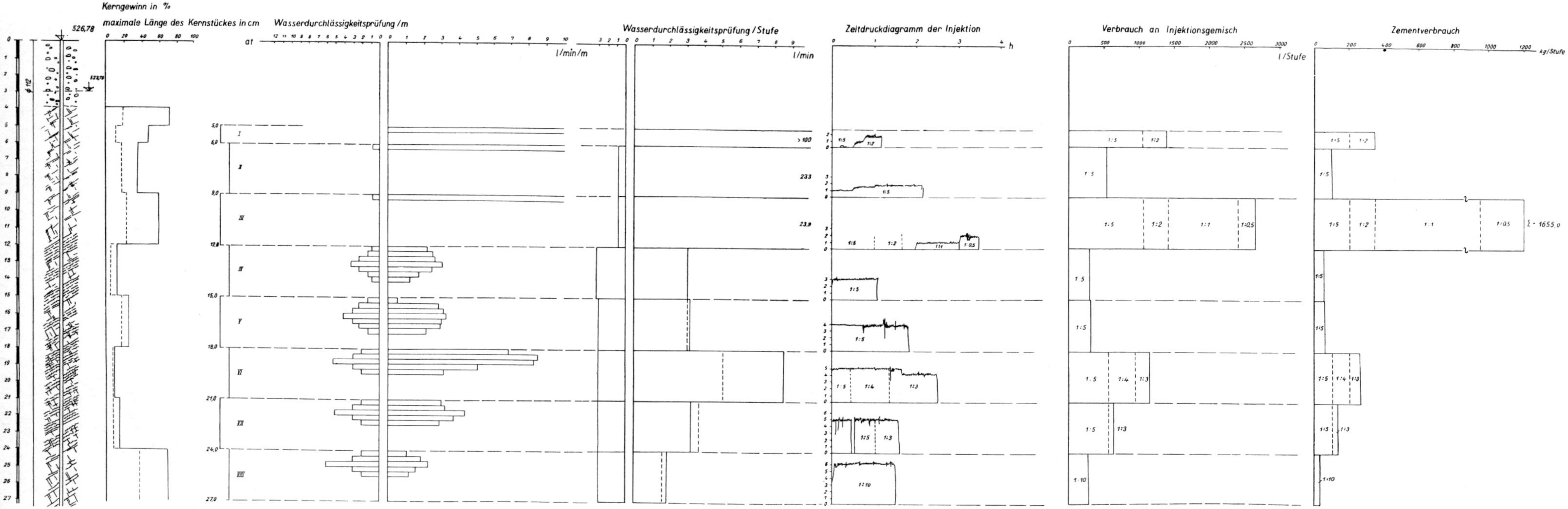

Abb. 4. Beispiel einer Auswertung von Wasserdruckprüfungen und Injektionen nach tschechischem Muster

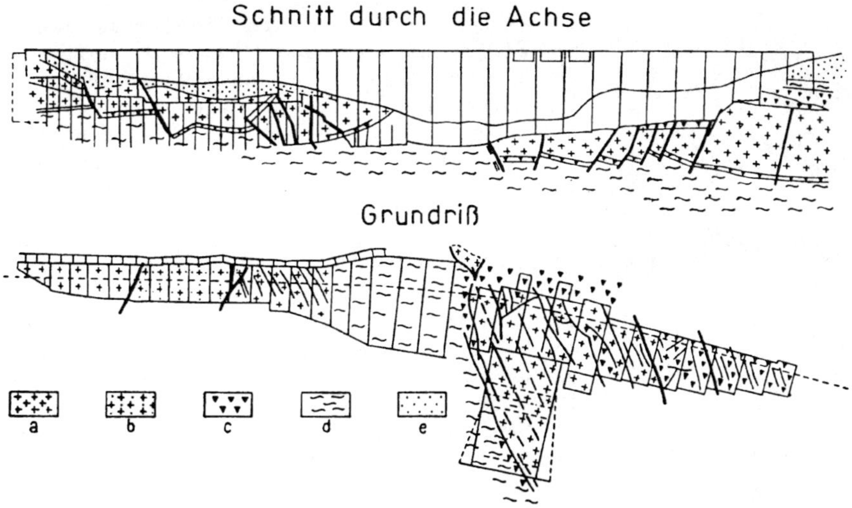

Abb. 5. Geologisches Profil und geologischer Grundriß der Talsperre bei Žermanice

Talhang. Den hier aufgetretenen Rutschungen begegnete man dadurch, daß am rutschgefährdeten Hang beim Baugrubenaushub jeweils nur ganz schmale kammartige Einschnitte angelegt wurden. Unmittelbar nach dem Felsaushub wurden die Blöcke betoniert. Zu größeren Rutschungen ist es auf Grund dieser Arbeitsweise nicht gekommen.

5. Die Moldau-Talsperren

Der letzte Teil unserer Reise führte uns ins Tal der Moldau bis zum südlichen Teil des Böhmerwaldes. Die erste Staustufe liegt unmittelbar südlich Prag bei *Slapy*. Die Höhe der Sperrmauer beträgt 66 m, der Inhalt des Stauraumes 270 Millionen m³. Der Stausee ist 43 km lang.

Der geologische Untergrund besteht aus Amphibolitschiefern des Algonkiums. Das Streichen verläuft parallel der Mauer. Das Einfallen ist zur Luftseite geneigt und beträgt 50–75°. An geologischen Untersuchungsarbeiten wurden mehrere Stollen von 5 bis 10 m Länge und außer Schürfen auch Kernbohrungen bis zu einer Tiefe von 40 m durchgeführt. Das Dichtungsorgan besteht aus einem Schleier von 15 m Tiefe. Die Löcher sind zweireihig versetzt angelegt. Es handelt sich bei Slapy um eine Schwergewichtsmauer mit einem „Sprungschanzenüberfall". Unter der Sprungschanze befindet sich ein Kraftwerk mit 3 Turbinen, mit einer Leistung von je 150 MW. Geologisch hat die Errichtung der Sperrmauer keine Schwierigkeiten bereitet. Während der Bauzeit wurde die Moldau durch einen Stollen geleitet. Die Baugrube war gegen die Wasserseite durch einen Fangdamm von 18 m Höhe 50 m oberhalb der Sperrstelle gesichert. Auf der Luftseite der Baugrube befand sich ebenfalls ein etwas niedrigerer Fangdamm. Zur Abdichtung der Fangdämme wurde eine oberflächliche Tonschürze aufgebracht und nach der Tiefe hin eine Spundwand errichtet. Der Zufluß in der Baugrube betrug 10–15 m³ pro Minute. Der Fangdamm oberhalb des Stauwerkes ist nach Inbetriebnahme als Geröllsperre erhalten geblieben (Abb. 6).

Bei *Orlic* wird in der Moldau eine zweite Staustufe als Schwergewichtsmauer mit einer Höhe von 75 m errichtet. Der geologische Untergrund besteht in der Talsohle und auf dem einen Hang aus Amphibolitschiefer, während der andere Hang aus Porphyroiden und Epidioriten aufgebaut wird. Das Streichen der Schieferung verläuft etwa in Mauerrichtung, das Einfallen sehr steil zum Becken. An dieser Stelle sind sehr ausgiebige Voruntersuchungen durchgeführt worden. Erst das dritte Projekt konnte zur Durchführung kommen, da bei dem einen ein fossiler Bergrutsch nachgewiesen wurde und auch die zweite Stelle sich als nicht sehr günstig erwies. Interessant ist die Art der Bauausführung (Abb. 7). Wie aus der Abbildung zu sehen ist, werden zuerst die Teile der Mauer errichtet, die die Funktionsblöcke, d. h. Überfall, Grundablaß und Turbinen aufnehmen sollen. Die Baugrube für diese Teile der Mauer wurde durch einen Schutzdamm gegen Wasserzuflüsse gesichert. Der Damm besteht aus einem Geröll verschiedener Korngröße bis zur Tonfraktion. Die Abdichtung erfolgte durch eine Stahlspundwand. Wie wir uns selbst überzeugen konnten, waren die Wasserzuflüsse in der Baugrube äußerst gering. Auf dem Bild ist weiterhin zu sehen, daß auf der Wasserseite der zukünftigen Baugrube bereits ein Fangdamm geschüttet wird, der die Baugrube des übrigen Teiles der Mauer gegen Wasserzuflüsse sichern soll. Während der Errichtung des Betonkörpers außerhalb der Funktionsblöcke wird die Moldau über die Funktionsblöcke geleitet.

Die oberste Staustufe der Moldau wird bei *Lipno* im südlichen Böhmerwald errichtet. Die Sperre wird zu zwei Dritteln als Erddamm und zu einem Drittel in Beton ausgeführt. Die Funktionsblöcke sind hier die einzigen Betonteile. Sie wurden ebenfalls zuerst gebaut, um später bei Errichtung des Erddammteiles die Moldau aufnehmen zu können. Die Stauhöhe wird 25 m betragen. Der geologische Untergrund besteht aus Granit, der von einer bis 12 m mächtigen Lockergesteinsdecke überlagert wird. Auch bei der Lipnoer

Abb. 6. Talsperre bei Slapy in der Moldau. Rechts im Bild die Talsperre mit „Sprungschanzenüberfall". Unter dem Überfall sind die Turbinen eingebaut. Links im Bild der Umleitungsstollen während der Bauzeit

Abb. 7. Die Talsperre bei Lipno in der Moldau. Rechts im Bild die Talsperre, die teils als Damm und teils als Betonmauer (Funktionsblöcke) errichtet wird. In der linken Bildhälfte das Einlaufbauwerk für ein 160 m unter der Erdoberfläche befindliches Kavernenkraftwerk

Sperre wurde von einem Dichtungsschleier abgesehen, da eine derartige Dichtung in Lockergesteinen nur äußerst schwer angelegt werden kann. Deshalb wurde hier ganz ähnlich wie bei der Sperre in Žermanice ein Betonkern von 12 m Tiefenerstreckung unter Flußwasserspiegel und 2,5 m Dicke errichtet. Unterhalb des Betonkernes wird noch ein einreihiger Dichtungsschleier bis zu einer Tiefe von 15 m unterhalb der Unterkante der Betonmembrane ausgeführt. Der Abstand der Bohrungen untereinander beträgt 2,0–2,5 m. Die geologischen Untersuchungsarbeiten wurden sehr ausgiebig betrieben. Mit Hilfe von elektrischen Kartierungsmethoden wurden 3 Profile zur Bestimmung der Mächtigkeit der Lockergesteinsdecke untersucht. Außerdem wurden mehrere Bohrungen und 2 Schächte angelegt. Durch die Schächte wurden gleichzeitig die mit Hilfe der Bohrungen durchgeführten Wasserdurchlässigkeitsuntersuchungen und Probeinjektionen überprüft. Es stellte sich dabei heraus, daß solche Klüfte, die sehr stark verlehmt waren, keinen guten Verpressungserfolg zeigten. Der Betondichtungskern mußte deshalb so tief gegründet werden, damit die Zone der verlehmten Klüfte in den Bereich der Membrane zu liegen kam. Das sind maximal 24 m von der Geländeoberfläche aus gerechnet.

Die Sperrmauer hat die Aufgabe, das Wasser der Moldau anzustauen und dann ein Kavernen-Kraftwerk zu speisen (Abb. 7). Das Kavernenkraftwerk ist folgendermaßen angelegt:

Wenig oberhalb der Sperrmauer befinden sich 2 Schächte mit einem zunächst größeren Durchmesser von 6 m, nach Betonierung mit einem lichten von 4,5 m, durch die das Wasser über eine Verschlußkammer in die eigentliche Kaverne gelangt, die 2 Turbinen mit einer Leistung von je 60 MW aufnimmt. Die Kaverne befindet sich 160 m unter Geländeoberkante. Der Ausfluß des Wassers erfolgt durch einen Stollen von 3,5 km Länge. Interessant ist die Bauausführung der Kaverne. Man beginnt nach Ausschießen und Betonierung eines Gewölbes die Kaverne von oben nach unten auszuräumen. Gegen Steinschlaggefahr und niederbrechende Felspartien sichert man sich im ersten Falle durch Drahtnetze, im zweiten Fall durch das Einbringen von Ankern. Die Anker werden folgendermaßen eingebaut: Durch gefährdete Gesteinsschollen wird ein Bohrloch bis in den sicheren Felsen getrieben. Sodann wird eine Glasröhre, die mit Zementmörtel gefüllt ist und in der Mitte den eigentlichen Stahlanker enthält, in das Bohrloch geführt. Durch einen Schlag auf den Stahlanker zerplatzt die Röhre, so daß sich der Beton mit dem Gestein verbindet. Nach dem Abbinden des Betons erhält der Stahlanker eine Platte, die mit einer Mutter festgeschraubt wird.

6. Zusammenfassung

Wir haben einmal einige der von uns gemachten Beobachtungen anläßlich eines Erfahrungsaustausches und von Baustellenbesichtigungen in der ČSR dargelegt, um auch anderen Fachkollegen, die auf ähnlichen Gebieten tätig sind, Anregungen zu geben, wie in manchen Situationen die ingenieurgeologischen Erkundungen zu lenken sind und welche Vorschläge sich auf Grund besonderer ingenieurgeologischer Untersuchungsergebnisse ergeben. Wir haben bewußt nicht viele Einzelheiten gebracht, sondern aus der Menge der Eindrücke einige ausgewählt und dabei von Darstellungen abgesehen, die in unserer eigenen Fachliteratur zu finden sind und auch auf unseren Baustellen beobachtet werden können. Im großen und ganzen konnte festgestellt werden, daß die einzelnen Untersuchungsarten und Ergebnisse sich in ganz ähnlicher Richtung bewegen wie bei uns. Das trifft insbesondere bei der Auffassung der Wasserdurchlässigkeitsprüfungen und Zementinjektionen zu. Es ist erstrebenswert, daß auch andere Fachkollegen ihre Erfahrungen mitteilen, um immer mehr zu einer verfeinerten und zweckmäßigeren Untersuchungsmethode zu kommen. Denn es ist durchaus nicht so, daß z. B. in der Verpressungstechnik bereits das letzte Wort gesprochen ist. Alle bisher durchgeführten Methoden stellen letzten Endes nur Versuche dar und gründen sich meistens nur auf theoretische Erwägungen, ohne daß man in der Praxis in jedem Fall Belege für die Richtigkeit dieser Erörterungen bringen kann.

Literatur

REUTER, F.: Wasserdurchlässigkeitsprüfungen und Baugrundvergütung als ingenieurgeologische Untersuchungsmethoden bei Talsperrenbauten. – Z. angew. Geol. **4**, 4., Berlin 1958.

ŹARUBA, Q. & J. RYBÁR J.: Erfahrungen bei der Injektion eines Dichtungsschleiers in gestörten Schiefern (tschechisch). – Sonderdruck aus der Zeitschrift „Ingenieurbau“, Nr. 4, Prag 1957.

VERFEL, J., ROTH, VL. & L. JAROLÍMEK: Untersuchung der Gesteine durch Wasserdruckprüfungen (tschechisch). – Vodnı hospodárstvi (Wasserwirtschaft) 1956.

Aufgaben des Markscheiders bei der geologischen Erkundung

RUDOLF STRAUBEL, Berlin

Der Markscheider der Staatlichen Geologischen Kommission hat kaum Zeit und Gelegenheit, sich mit geologischen Daten der von ihm betreuten Objekte im einzelnen zu befassen, wie sein Kollege im Produktionsbetrieb es tun muß. Da seine Arbeiten jedoch diese Daten im Raume einander zuordnen, ist es notwendig, daß er alle anfallenden Ergebnisse bei der Planung seiner Arbeiten berücksichtigt.

Mit Selbstverständlichkeit greift der Geologe zur Zeichnung und Karte und der Bergmann zum Grubenbild. In wenigen Minuten sind die Koordinaten und die Höhe einer Bohrung notiert oder die Faktoren einer

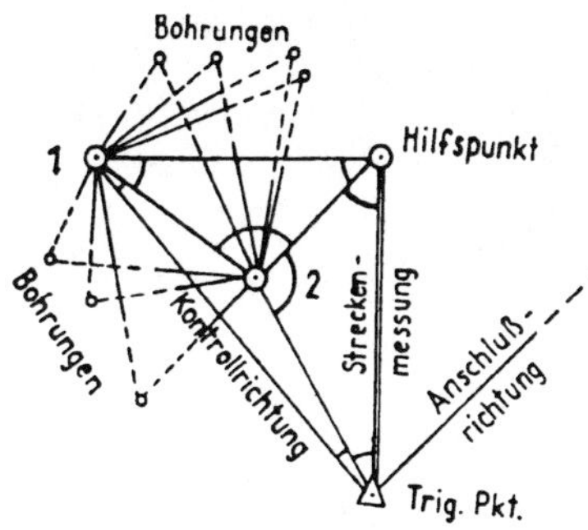

Abb. 1. (ohne Maßstab)

Inhaltsberechnung abgegriffen. Diese Selbstverständlichkeit und dieser geringe Zeitaufwand sind das Ergebnis der markscheiderischen Arbeiten.

A. Allgemeines

Ein erster Auftrag, z. B. die Einmessung einiger Bohrungen, macht den Markscheider damit bekannt, daß in einem bestimmten Gebiet die geologische Erkundung einsetzt. Dieser Auftrag ist fest umrissen und wird sachlich von einer Markscheiderbrigade unter Leitung eines Fachschulingenieurs erledigt. Der Markscheider selbst muß, wenn er seiner Aufgabe gerecht werden will, sich schon jetzt einen Überblick über die Größenordnung der geplanten Erkundung verschaffen. Danach richten sich seine Anweisungen zur Durchführung der ersten Messungen. Wenn die Bohrungen selbst der Erkundung genügen, kann es hinreichend sein, sie nach örtlichen Festpunkten auf eine vorhandene Katasterkarte usw. einzumessen und auf ihre Koordinaten und Höhen zu verzichten. Sind sie dagegen der Beginn einer komplexen Untersuchung, müssen die Messungen so angelegt werden, daß sie

1. in alle zu erwartenden Erweiterungen des ersten Auftrages widerspruchsfrei eingeordnet werden können,
2. durch ihre Genauigkeit und ihre Verteilung den kommenden Messungen weitgehendst vorarbeiten,
3. ohne Nach- und Neumessungen für Zwecke der Bergaufsicht, der geodätischen Kontrolle und anderer Dienststellen verwertbar sind.

Da geologische Erkundungen und mit ihr die geodätisch-markscheiderischen Arbeiten kontinuierlich von den Zwischenergebnissen beeinflußt werden, ist es nicht möglich, schematisch über die Durchführung des ersten Vermessungsauftrages zu entscheiden. Der Markscheider muß grundsätzlich und fortlaufend mit Geologie und Technik Fühlung behalten. Dabei sind die persönlichen Auffassungen der geologischen Bearbeiter ebenso zu beachten wie die Rohstofflage unserer volkseigenen Industrie und die Wünsche und Möglichkeiten der Technik (VEB-Schachtbau, VEB Bohrungen, VEB Erdöl). Die Auswertung aller Informationen und ein sicherer Überblick über das eigene Fachgebiet sind die Grundlagen der Entscheidung über die Art der Vermessungen und den Einsatz der Markscheiderbrigaden. Hierbei ist zu berücksichtigen, daß die ersten Auftraggeber mit ihren Wünschen am Anfang einer Reihe von Forderungen nach zeichnerischen Darstellungen, Zahlenwerten und technischen Angaben stehen, die sich i. a. nach folgendem Schema aufbauen:

Auftraggeber	Wünsche
1. Objektgeologe und Bohrbetriebe	Bohransatzpunkte und Schürfe in vorhandene Karten eintragen bzw. nach Koordinaten bestimmen
2. Objektgeologe und Zentralgeologe	Topografie 1:1000 bis 1:2000 und Einarbeitung von 1; zusätzlich oberflächennahen Bergbau und Bergbaufolgen (Halden, Pingen usw.)
3. Technik	Großmaßstäbliche Lagepläne für den Aufbau der Schachtanlage, Auswertung alter Risse, Trassierung der Stromzufuhr, Vorflut usw.
4. Geologen, Technik und Bergbauinspekt.	Grubenbild mit Darstellung der Tagessituation, der Bohrungen usw.
5. übernehmender VE-Betrieb, Zentrales Konstruktionsbüro usw.	Zusammenfassende zeichnerische Darstellungen, gesamtes Rißwerk einschließlich der Messungs- und Rechnungsunterlagen.

Diese Verflechtung von vielseitigen Ansprüchen an die markscheiderischen Arbeiten macht eine ordnende Hand notwendig, die nicht an einen der Auftraggeber gebunden sein darf, sondern im Interesse der Einheitlichkeit aller Messungen außerhalb der einzelnen über das Objekt hingehenden Erkundungsabschnitte stehen muß. Diese Einheitlichkeit vom ersten Bohrloch bis zur Schlußvermessung zu wahren, ist die Aufgabe des Markscheiders, denn er muß mit seiner Unterschrift gegenüber der Bergbauinspektion die Garantie für die Richtigkeit aller in ein Grubenbild eingearbeiteten Daten übernehmen.

B. Beispiel

An einem inzwischen zu Ende gegangenen Objekt sei der Ablauf der geodätischen und markscheiderischen Arbeiten erläutert.

Der erste Auftrag forderte die Einmessung einiger Bohrungen. Da über die weitere Bearbeitung von geologischer Seite keine bindenden Angaben gemacht werden konnten und brauchbare Karten des Gebietes nicht vorlagen, wurde von vornherein die Einmessung nach Koordinaten und der Anschluß an das Landeshöhennetz vorgenommen. Dies war vertretbar, da der Arbeitsaufwand hierfür infolge der Nähe eines trigonometrischen Punktes gering war. Mit Hilfe der in Abb. 1 gezeigten Konstruktion wurden die Punkte 1 und 2 nach Koordinaten bestimmt und von ihnen aus ohne weitere Streckenmessung die Bohransatzpunkte eingemessen. Auf eine dauerhafte Vermarkung von 1 und 2 mußte verzichtet werden, weil diese Punkte ohne Rücksicht auf die örtliche Lage nach günstigen Schnitten zu den Bohrungen ausgesucht wurden und im Acker lagen. Durch örtliche Einmessung wurden sie jedoch für die nach Lage der Dinge zu erwartende Topografie gesichert. Als Ergebnis dieses ersten Auftrages wurden die Koordinaten und Höhen der Bohransatzpunkte ausgeliefert.

Für die auf Grund der Bohrergebnisse geplanten geologischen Arbeiten genügten die vorhandenen Vergrößerungen von Meßtischblättern bald nicht mehr. Da es aber immer wieder vorkommt, daß solche Vergrößerungen zur Beantwortung von Fragen herangezogen werden, die dem Zweck des Originals und der Aussagesicherheit der Vergrößerung widersprechen, wird in den Erläuterungen zu Abb. 2 und Abb. 3 ein Beispiel besprochen, das einen Einblick in die Möglichkeiten und Grenzen solcher Darstellungen gibt. Das Ergebnis dieses Beispiels spricht nicht gegen die Meßtischblätter, sondern gegen die kritiklosen Benutzer ihrer Vergrößerungen.

Um die bei Abb. 2 und 3 gezeigten Unsicherheiten auszuschalten, wurde eine Topografie 1:2000 angefertigt. Hierbei waren die Punkte 1 und 2 eine wertvolle Stütze

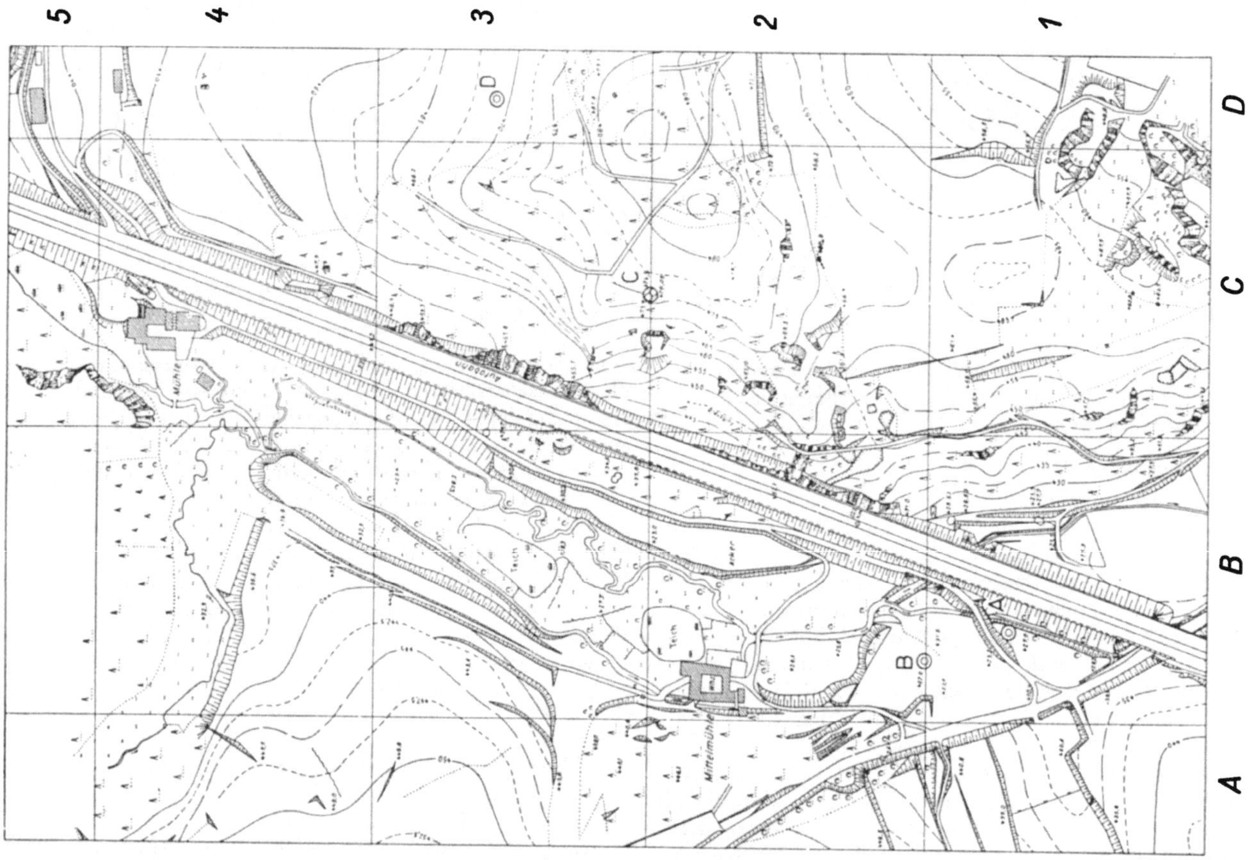

Abb. 3 (Verkleinerung aus 1:2000 auf 1:5000)

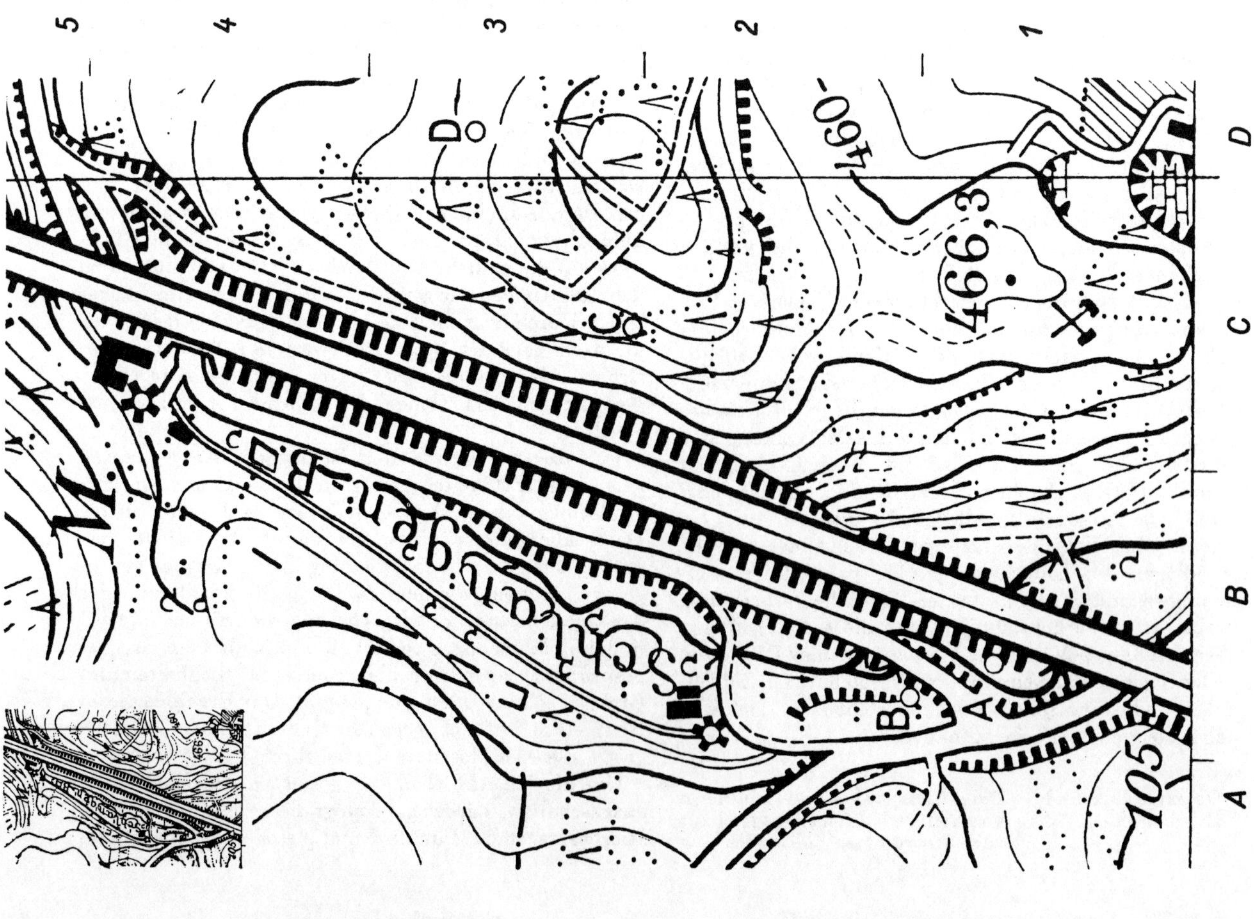

Abb. 2 (Vergrößerung aus 1:25 000 auf 1:5 000)

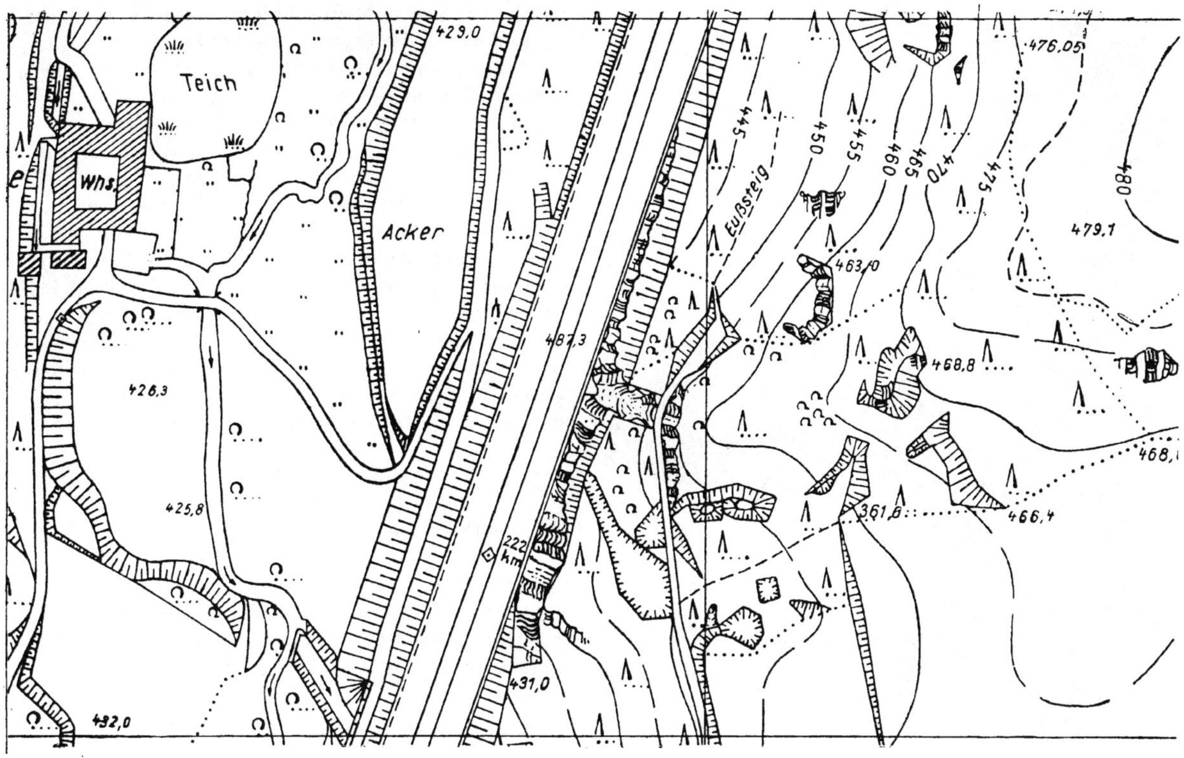

Abb. 4 (Quadrate C2 u. B2 der Abb. 3)

für die Skelettpolygone, die das Gerüst der Detailaufnahme bilden. Einen Ausschnitt in Originalgröße zeigt Abb. 4.

Bei dem behandelten Beispiel war außer Nachrichten über einige alte Gräbereien und Stollenbetriebe kein früherer Bergbau bekannt. Wenn alte Rißunterlagen vorgelegen hätten, wäre bereits hier ihre Einarbeitung und Auswertung notwendig gewesen.

Das Gebiet, welches Abb. 4 zeigt, ist auch in Abb. 2 enthalten. Der wesentliche Vorteil der Abb. 4 ist das weitgehende Detail und die Aktualität der Darstellung. Die Meßtischblattaufnahmen liegen oft 20 Jahre und mehr zurück.

Die topografischen Aufnahmen erfolgen heute innerhalb der ST. G. K. fast ausschließlich mit dem Zeißschen Kartiertisch, einem hochmodernen Gerät des VEB Carl Zeiß Jena (Abb. 5). Hierbei werden die aufzunehmenden Geländepunkte an Ort und Stelle auf der runden Folie zugelegt. Gegenüber älteren Methoden ergibt sich eine Ersparnis an Zeit und eine Verringerung der Fehlerquellen, weil die Übergänge vom Geländepunkt zur Zahl (Ablesen von Richtung und Entfernung und Beobachtungseintragung Niederschrift) und von der Zahl auf die zeichnerische Darstellung (Kartierung im Büro) gespart werden.

Die topografische Aufnahme des Geländes erfordert großes Können und viel Erfahrung im Erfassen seiner charakteristischen Eigenschaften. Gerade lagerstättenhöffige Gebiete sind auf Grund ihrer geologischen Geschichte und alter Bergbauspuren oft schwer aufzunehmen, besonders, wenn das Gebiet dicht bewaldet ist. Ein charakteristisches Beispiel für ein solches Gebiet

Erläuterungen zu Abbildungen 2 und 3

Abb. 3. zeigt in erster Linie eine Vielzahl von Einzelheiten und eine Differenzierung der Geländeformen, die in Abb. 2 fehlen. Im einzelnen vergleiche man z. B.:

a) die Autobahnunterführung bei C 4/5
b) die Böschungsdarstellung entlang der Autobahn
c) die Linienführung des Schlangenbaches
d) das Wegenetz in C/D 3 (z. T. schematisiert, z. T. fehlend)
e) die Steinbruchsdarstellung in C 1 usw.

Die Einschränkung der Brauchbarkeit von Abb. 2 hat ihre Ursachen einmal im Aufnahmemaßstab der zum Generalisieren zwingt [a, b und c] und in der mangelnden Aktualität [d und e]. Um die Aufnahme 1:25000, aus welcher Abb. 2 entstanden ist, lesbar zu machen, ist es aber auch notwendig, kleine Formen vollständig wegzulassen, wie z. B. ganze Gruppen von Böschungen und Pingen in C 2, A 2, B 3/4 usw. Die mangelnde Aktualität der Abb. 2 drückt sich ebenfalls in den Grenzlinien der Kulturarten aus, wie z. B. in D 4 usw.

Aber auch die Entnahme von Zahlenwerten auf Abb. 2 ist mit Fehlern behaftet, wie z. B. ein Vergleich von Punkthöhen zeigt:

Punkt	Abb. 2	Abb. 3	Differenz
A	425 m	428 m	3 m
B	428 m	432 m	4 m
C	472 m	476 m	4 m
D	473 m	469 m	4 m

Diese Fehler sind eine Folge der gröberen Linienführung der Höhenkurven in Abb. 2, wie sie z. B. in D 2 besonders augenfällig ist.

Während die Autobahn in Abb. 2 etwa noch in wahrer Breite erscheint, ist es bei andern Verkehrswegen nicht mehr der Fall. So ist der Weg nördlich und parallel der Autobahn 12—13 m breit, statt 5 m. Die Straße, auf welche er mündet, erscheint statt 8 m, 18—20 m breit usw.

Greift man z. B. die Entfernung von der Mühlenbrücke in B 2 nach der Wegegabel in C 2 ab, so ergeben sich statt 320 m 308 m.

Wegen der nichtmaßstäblichen Darstellung der Wege kommen manche Flächenstücke überhaupt nicht oder nur andeutungsweise zur Darstellung, wie z. B. das Wäldchen in der Wegeschleife in C 4.

Abb. 5. Zeißscher Kartiertisch

zeigt Abb. 6. Das Meßtischblatt und auch die deutsche Grundkarte 1:5000 werden in solchen Gebieten nie die zur geologischen Beurteilung notwendigen Angaben liefern können, da sie aus weitab liegenden anderen Gründen angefertigt werden.

Bei dem als Beispiel behandelten Objekt wurde auf Grund der geologischen Erkundungsergebnisse eine bergmännische Untersuchung notwendig. Dadurch mußten die bisher geschaffenen Unterlagen ursprünglich nicht vorgesehenen Anforderungen von seiten der Technik genügen. Eine Vergrößerung der Topografie auf 1:1000 diente als Grundlage für die Planung der Tagesanlagen des Schachtes. Die Tätigkeit der Markscheiderbrigade wechselte mit Beginn des Abteufens aus dem Gebiet der allgemeinen Geodäsie auf das der Ingenieurmessung über, um später endgültig in rein markscheiderischen Arbeiten aufzugehen.

Während des Abteufens fallen i. a. folgende Arbeiten an:

- Abstecken der Betriebsgebäude
- Festlegen und Sichern der Schachtachsen
- Trassieren der Hochspannungsleitung
- Kontrolle der Vorflut
- Einrichten der Fördermaschine und der Seilscheiben
- Kontrolle der Schieflage des Schachtes
- Angaben zur Auffahrung des Fluchtweges.

Während dieser Arbeiten muß ein genau bestimmter Festpunkt und eine einwandfreie Richtung möglichst dicht an die Schachtscheibe herangebracht werden, an welche später sämtliche Untertagemessungen an-

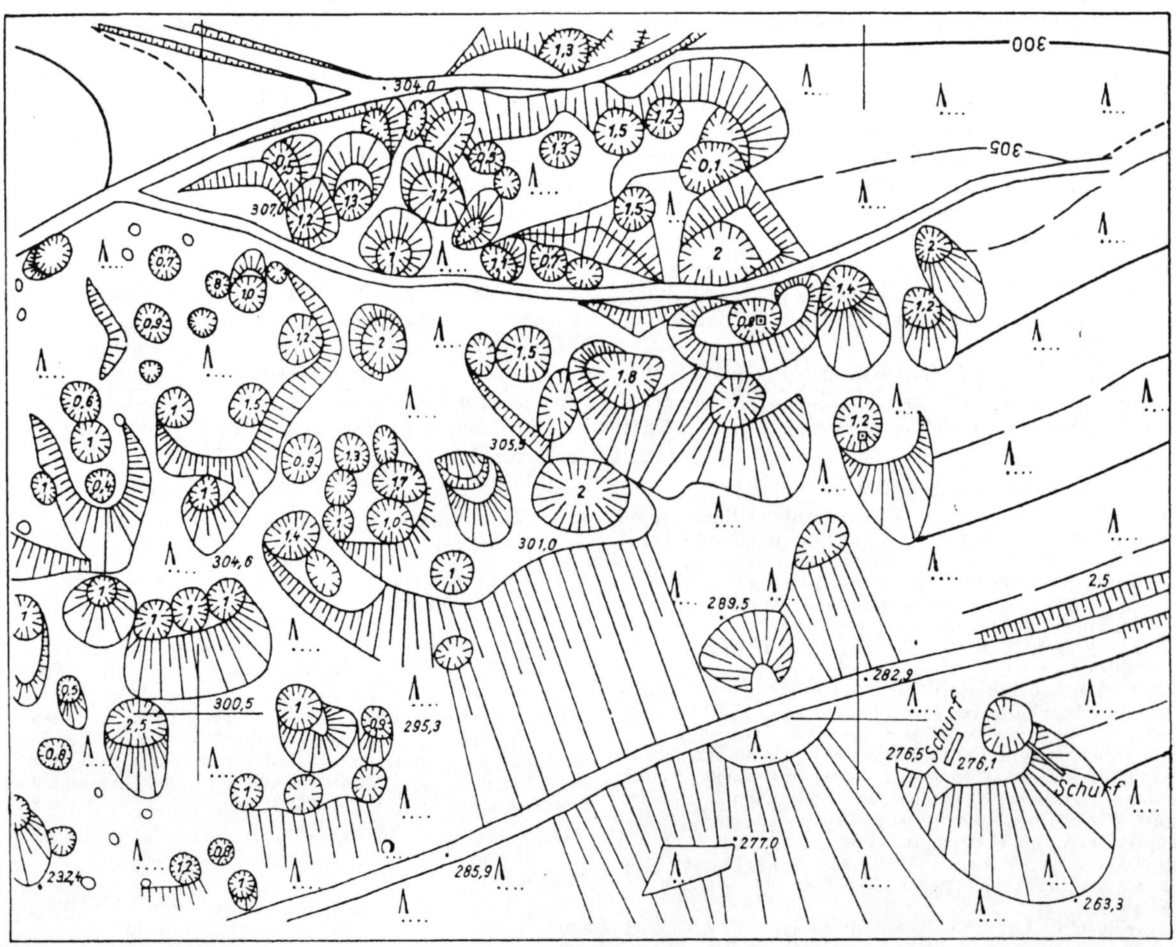

Abb. 6

schließen. Hierfür waren im vorliegenden Falle die in Abb. 7 gezeigten trigonometrischen Arbeiten notwendig. Die vorhandenen trigonometrischen Punkte erlaubten eine günstige Anlage der Messung für die Bestimmung

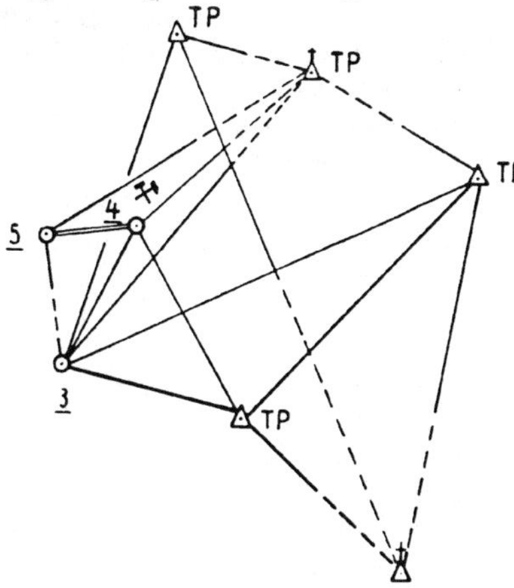

Abb. 7 (ohne Maßstab)

von Punkt 3. Er lag jedoch zu weit vom Schacht entfernt, so daß die Punkte 4 und 5 von ihm aus bestimmt wurden (4 lag etwa 20 m neben der Schachtscheibe). Punkt 3 lag mitten auf einem Acker und konnte nur durch einen Eisenbolzen 1 m unter der Erde gesichert werden. Die Punkte 4 und 5 dagegen wurden fest zementiert, so daß sie als unveränderliche Punkte jederzeit für Anschlußmessungen zur Verfügung stehen. Sie sind auf etwa $\pm$ 5 cm im Landesnetz bestimmt. Die Unsicherheit der Richtung zwischen ihnen beträgt etwa $\pm$ 30^{cc}.

Nach Erreichen der Endteufe des Schachtes sollte ein erster Querschlag in Richtung auf ein bestimmtes Bohrloch gefahren werden. Es machte sich jetzt bezahlt, daß die Einmessung der Bohrlöcher von vornherein nach Koordinaten vorgenommen worden war. Die Richtung des Querschlages wurde zunächst provisorisch mit dem Kompaß angegeben und nach Auffahrung von etwa 50 m Strecke die Schachtlotung durchgeführt.

Das Ziel der Schachtlotung ist die Übertragung von Richtungen und Koordinaten vom übertägigen Vermessungsnetz nach unter Tage. Erst durch sie wird es bei senkrechten Schächten möglich, die Messungen über und unter Tage zu verbinden und gemeinsam darzustellen. Sie ist eine wesentliche Grundlage des von der Bergbauinspektion verlangten Grubenbildes, das für die Grubensicherheit und die Betriebsführung notwendig ist. Eine Schachtlotung wird zweimal an zwei verschiedenen Tagen ausgeführt. Es wird eine Sicherheit der Richtungsangabe von $\pm$ 2^{c} verlangt.

Wären im vorliegenden Falle die Bohrungen nicht nach Koordinaten bestimmt gewesen, so hätte man ihre Ansatzpunkte nach der örtlichen Einmessung im Gelände wieder herstellen und dann in das Landesnetz einmessen müssen. Auch ohne den Wunsch der Geologen, den Querschlag auf eine bestimmte Bohrung zu fahren, wäre dies notwendig gewesen, denn alle Bohrungen im Bereich eines Grubenbildes müssen mit ihren Teufen nach Koordinaten eingetragen werden.

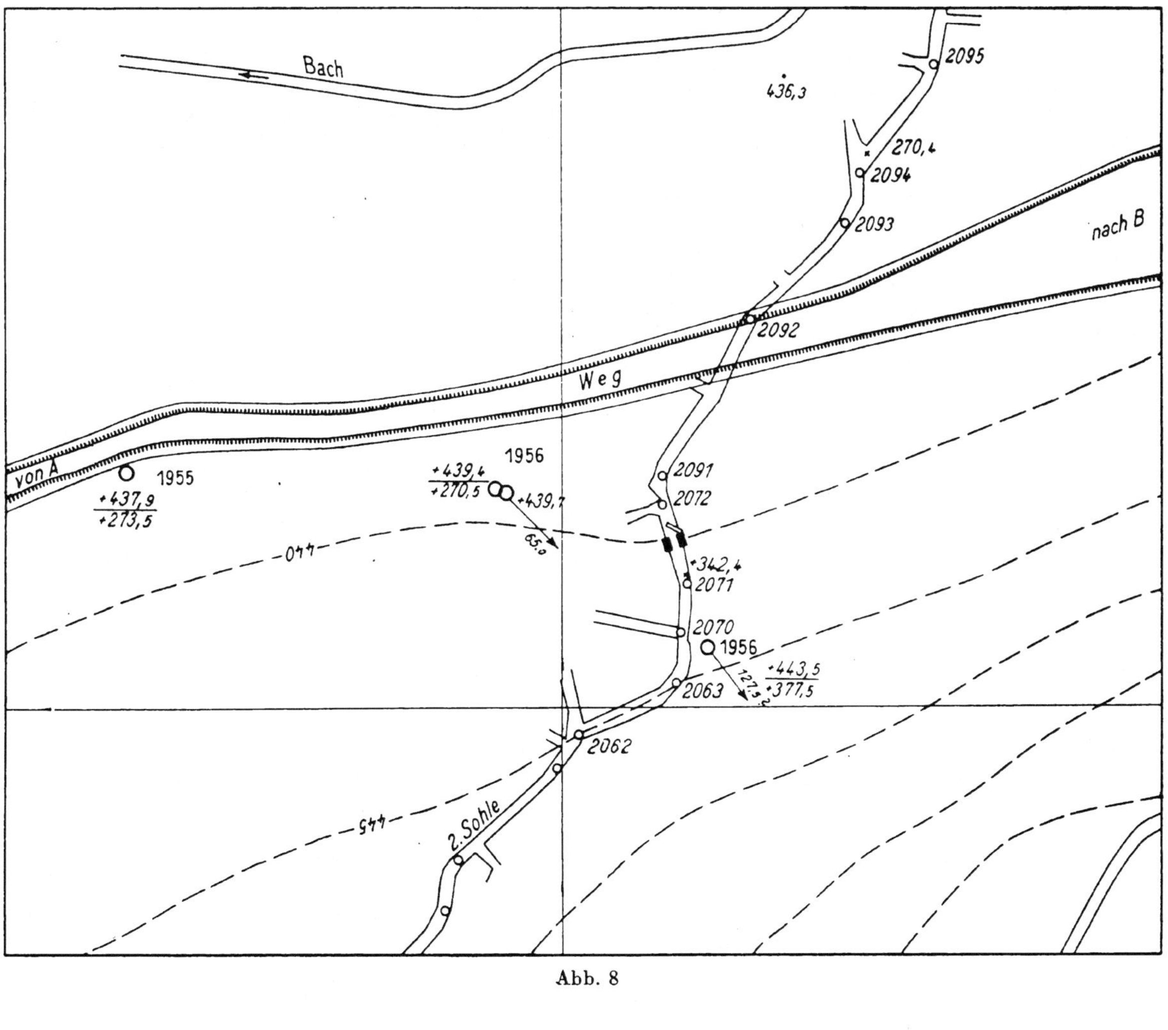

Abb. 8

Mit der Schachtlotung erfolgt auch die Schachtteufenmessung, durch welche die unterirdischen Baue an das Landeshöhennetz angeschlossen werden.

Während der Auffahrung der Grubenbaue haben die markscheiderischen Fachkräfte dann 3 Hauptaufgaben:

1. Regelmäßige Nachtragung der Auffahrungen,
2. Angabe und Kontrolle von Auffahrungen, die mit einem bestimmten Ziel begonnen werden,
3. Sicherung der eigenen Messungen.

Im Endeffekt entsteht dadurch ein Grubenbild mit eingezeichneter Tagessituation, wie es Abb. 8 im Ausschnitt zeigt. Das Original des Grubenbildes muß nach Normen auf besonderem Zeichenträger angefertigt werden und heißt Zulegeriß.

Die Nachtragungen erfolgen ein- bis dreimonatlich, während die Angaben für Durchschläge, Überhauen usw. nach Bedarf erledigt werden müssen. Ist z. B. ein senkrechtes Überhauen nach über Tage geplant, wird ein Punkt mit den Koordinaten des Ansatzpunktes in der Grube an der Tagesoberfläche verpflockt. Dazu wird von den in Schachtnähe vermarkten Punkten ausgegangen. Um diesen Pflock muß in ausreichendem Radius abgesperrt werden, um Unfälle beim Durchschießen zu vermeiden. Wird ein Überhauen dagegen schräggefahren oder gar aus geologischen Gründen gekrümmt oder gebrochen, werden die markscheiderischen Arbeiten wesentlich schwieriger. Gerade diese verdrehten Überhauen stellen meßtechnisch außerordentlich schwierige Probleme (Steilschachtmessungen, abgesetzte Lotungen usw.). Ähnlich problematisch gestaltet sich das planmäßige Anfahren oder Anbohren alter Baue. Außer der Verantwortung für seine eigenen Messungen muß sich der Markscheider hierbei durch geeignete Maßnahmen einen Einblick in die Brauchbarkeit der alten Unterlagen verschaffen.

Während bei dem behandelten Objekt die eben geschilderten Arbeiten unter Tage dem Geologen die Grundlage für seine Bemusterungen und weiteren Dispositionen schafften, ging die Vermessung über Tage ebenfalls weiter (Erweiterung der Topografie und zahlreiche neue Bohrlocheinmessungen). Da gleichzeitig eine zweite Sohle angefahren wurde, mußte eine zweite Markscheiderbrigade zur Unterstützung eingesetzt werden.

Die bisher geschilderten Arbeiten konnten nur deshalb rationell und planmäßig durchgeführt werden, weil sie trotz ihrer Vielfalt von Anfang an unter einer Leitung standen und von einer objektgebundenen Brigade ausgeführt wurden. Die Brigade war weder dem Geologen, noch der Schachtanlage, noch dem Bohrbetrieb direkt unterstellt. Jede dieser Unterstellungen hätte zur Vernachlässigung der Interessen anderer geführt, von den Ansprüchen der Bergaufsicht ganz abgesehen.

Ist eine Beendigung der geologischen Untersuchung in Sicht, so ist es die dringlichste Aufgabe, die aufgefahrenen Strecken unter Tage vollständig zu erfassen und das Grubenbild lückenlos zu vervollständigen. Dazu gehört die Einmessung von Wassereinbruchsstellen, Brand- und Wasserdämmen, die Kennzeichnung von versetzten Strecken, die Aufmessung des Haldensturzes, die Anfertigung von Plänen für die Entschädigung der Grundeigentümer usw. Diese Arbeiten, als Schlußvermessung bezeichnet, haben zwei Ziele:

1) sollen sie bei Übernahme der Anlage durch einen VEB sofort die Vorrichtung der Lagerstätte zum Abbau ermöglichen, ohne die Sicherheit der Belegschaft zu gefährden,
2) sollen sie beim Abwerfen der Anlage eine fehlerfreie und vollständige Dokumentation der unterirdischen Baue garantieren, um bei Veränderung der Rohstofflage die Grube jederzeit ohne Risiko wieder in Betrieb nehmen zu können. Dadurch werden späteren Generationen jene Gefahren und Kosten erspart, mit denen wir heute bei Aufwätigung alter Baue rechnen müssen, wenn das Rißwerk ungenau oder unvollständig ist.

Während diese Schlußvermessung bei dem als Beispiel angeführten Objekt lief, mußte für Spezialzwecke noch eine Sonderdarstellung einzelner Sohlen im Maßstab 1:500 und eine Einzeichnung der Grubenbaue in die Topografie 1:2000 angefertigt werden.

Von allen den oben geschilderten Arbeiten sehen Geologe und Bergmann als Ergebnis nur die Karte oder den Riß. Um zu diesen für die geologische Erkundung unentbehrlichen Unterlagen zu kommen, waren bei dem als Beispiel behandelten Objekt 804 DIN A 4 Seiten Zahlen und Rechenwerk notwendig. Von den angefertigten zeichnerischen Unterlagen sind bisher insgesamt 192 Vervielfältigungen ausgeliefert worden, ungerechnet die schriftliche Mitteilung von Zahlenwerten wie Koordinaten, Höhen usw. Es wurden ausgeliefert an

geologische Interessenten (Zentralgeologen, Geologische Dienste Objektgeologen)	126 Pausen
technische Interessenten (HA Technik, VEB Schachtbau, Betriebsleitung)	51 ,,
Technische Bezirks-Bergbauinspektion	14 ,,
und sonstige Interessenten	1 ,,

Diese Zahlen für ein geologisches Erkundungsobjekt mittleren Umfanges zeigen deutlich, daß die Arbeit des Markscheiders Voraussetzung für die geologische Erkundung ist, obwohl er selbst kaum in die Lage kommt, sich mit dem geologischen Detail zu beschäftigen.

Die Entwicklung der Petrochemie in der UdSSR

ERICH LANGE, Berlin

In seiner Rede auf dem Plenum des ZK der KPdSU vom 6. Mai 1958 ging N. S. CHRUSCHTSCHOW auf die Rohstoffbasis des chemischen Industriezweiges der synthetischen Fasern und der Plaste ein, der in der Sowjetunion mit besonders schnellem Tempo aufgebaut werden soll.

Bisher nahm die UdSSR in der Erzeugung von synthetischen Fasern nur den 6. Platz und in der Gewinnung von Plasten nur den 5. Platz in der Welt ein. CHRUSCHTSCHOW kritisierte das Ministerium für Chemische Industrie und das ehemalige Ministerium für Erdölindustrie als Verantwortliche für das Zurückbleiben in der Entwicklung dieser Industriezweige. Beide hatten u. a. nicht erkannt, daß die billigsten Rohstoffe für die Herstellung dieser synthetischen Stoffe Erdölgase und Erdgase sind, und zugelassen, daß Milliarden

Kubikmeter des wertvollen Erdgases abgefackelt wurden.

CHRUSCHTSCHOW wies nach, daß die Herstellung synthetischer Fasern einen bedeutend geringeren Aufwand an gesellschaftlicher Arbeit erfordert als die Gewinnung natürlicher Fasern. Die Plaste sind leichter als Metalle, durchschnittlich etwa halb so schwer wie Aluminium; sie übertreffen aber in bezug auf Festigkeit vielfach Stahlsorten. Es ist schwer, einen Industriezweig zu nennen, in dem keine synthetischen Stoffe verwendet werden. Im Maschinenbau ersetzt eine Tonne Plaste durchschnittlich rd. drei Tonnen Buntmetall.

Die Sowjetunion verfügt über außerordentlich reiche Rohstoffquellen, um die chemische Industrie zu erweitern, und zwar vor allem über Erdgase, Phosphorite (3 Mrd. t gegenüber 6 Mrd. t außerhalb der UdSSR), Schwefel und Kalisalze.

Von 1958 bis 1965 soll die Erzeugung von Ammoniak, kaustischer und kalzinierter Soda, Schwefelsäure und Autoreifen auf annähernd das Doppelte und von synthetischem Kautschuk auf mehr als das 2,5fache ansteigen.

Das Programm zur beschleunigten Entwicklung der Erdöl- und Erdgasindustrie sieht für die nächsten 15 Jahre eine Steigerung der Erdölförderung auf das 3,5- bis 4fache und der Erdgasgewinnung auf das 13- bis 15fache vor.

„Das wird es ermöglichen, mit großem Nutzen für die Volkswirtschaft, die Brennstoffbilanz des Landes grundlegend zu verbessern und eine praktisch unbegrenzte Rohstoffbasis für die umfassende Entwicklung vieler chemischer Industriezweige zu schaffen.

Es wurde z. B. errechnet, daß beim Bau eines Werkes für Stickstoffdünger mit einer Jahreskapazität von 700000 t die Verwendung von Erdgas als Rohstoff an Stelle von Koks eine Verringerung der Investitionsmittel von rd. 400 Millionen Rubel ergibt. Diese Mittel genügen, um ein weiteres Werk für Stickstoffdünger mit einer Kapazität von 350000 t zu errichten. Deshalb wird es in Zukunft notwendig sein, den Umfang der Verarbeitung von Erdgas zu chemischen Produkten erheblich zu erweitern. Es muß besonders hervorgehoben werden, daß bisher Erdölgase unwirtschaftlich genutzt werden. Bis vor kurzem wurden sie in äußerst geringem Umfang für die Erzeugung synthetischer Produkte verwendet. Ein bedeutender Teil von ihnen wird als Brennstoff benutzt, ohne daß vorher die wertvollen Komponenten extrahiert wurden, und bis zu 40% des Gases werden auf den Erdölfeldern ohne jeden Nutzen abgefackelt".

Die Nahrungsmittelrohstoffe, die zur Zeit noch zur Gewinnung von Äthylalkohol oder zur Herstellung von Seife verwendet werden, könnten zur Ernährung der Bevölkerung ausgenutzt werden (ca. 1700000 t Getreide und 400000 t Speisefette im Jahre 1956), wenn man statt dessen Erdgase als Rohstoffe verwertet. Wichtig ist in diesem Zusammenhang die Standortfestlegung neu zu entwickelnder Betriebe.

„Am zweckmäßigsten ist offenbar die Errichtung dieser Werke in den Erdölgebieten, in den Gebieten mit einer entwickelten erdölverarbeitenden Industrie sowie in Gebieten mit einer entwickelten chemischen Industrie. Dies wird es ermöglichen, die wertvollsten und billigsten Rohstoffarten, wie die Erdölgase, die Abgase der Erdölverarbeitung, Erdgase, die Produkte der kokschemischen und der Ölschiefer-Industrie auszunutzen.

Bekanntlich verfügen über diese Rohstoffressourcen in größtem Umfang die Russische Förderation, die Ukrainische SSR, die Aserbaidshanische SSR und die Usbekische SSR".

CHRUSCHTSCHOW nahm ferner zur Frage der Organisation der wissenschaftlichen Forschungsarbeit Stellung und erklärte, daß nur auf der Grundlage der Ausarbeitung und Einführung der modernsten Technik und der neuesten Produktionsmethoden ein Fortschritt in der Entwicklung der chemischen Industrie möglich sei.

„In den chemischen wissenschaftlichen Forschungsinstituten der Industrie arbeiten Tausende wissenschaftlicher Mitarbeiter und andere Fachleute; für die wissenschaftlichen Arbeiten wurden jährlich Millionen Rubel zur Verfügung gestellt. Wenn diese Mittel und Kräfte rationeller ausgenutzt würden, könnten die Hauptprobleme erfolgreicher gelöst werden. In der Thematik einiger Institute werden die Hauptprobleme nicht hervorgehoben, die Kräfte und Mittel werden in zahlreichen, oft nicht aktuellen Themen zersplittert. So arbeitet z. B. das Laboratorium des wissenschaftlichen Forschungsinstituts für synthetischen Kautschuk über 10 Jahre an der Verbesserung des Katalysators, um Kautschuk aus Spiritus zu gewinnen, obgleich diese Methode der Kautschukgewinnung veraltet und im Vergleich zu neuen Methoden wirtschaftlich unvorteilhaft ist. Die Mitarbeiter dieses Laboratoriums haben im Laufe mehrerer Jahre gegen eine solche Verwendung der Fachleute protestiert und vorgeschlagen, sie mit der Ausarbeitung von Methoden zur Gewinnung von Kautschuk aus Erdgasen zu beauftragen, was einen bedeutenden Schritt vorwärts in der Technik und in der Sparsamkeit der Produktion des synthetischen Kautschuks bedeutet. Das Ministerium für Chemische Industrie hat aber erst 1956 die Argumente dieser Genossen anerkannt. Einige wissenschaftliche Institutionen und Wissenschaftler arbeiten losgelöst von den Anforderungen der Industrie und geben dem Lande jahrelang nichts. Einzelne Mitarbeiter sind lange Zeit mit alten Arbeiten beschäftigt und suchen keine neuen Wege in der Wissenschaft. In bedeutendem Maße wird die Wirksamkeit der Arbeit der wissenschaftlichen Forschungsinstitute durch die schlechte Koordinierung ihrer Tätigkeit, durch das Vorhandensein von Parallelismus in ihrer Thematik herabgesetzt, was zu einer unrationellen Verwendung der Fachleute führt und ein verantwortungsloses Verhalten zur Arbeit nach sich zieht. Besonders werden die Termine der Durchführung von Forschungsarbeiten verzögert. Viele Institute besitzen keine Versuchsabteilungen, und dort, wo diese Abteilung besteht, ist sie oft durch die Produktion von Waren ausgelastet.

Das Ministerium für Chemische Industrie beschäftigt sich nicht intensiv genug mit der Arbeit der wissenschaftlichen Forschungsinstitute, kontrolliert nicht die Erfüllung der wichtigsten Aufgaben und leistet den Instituten nicht die notwendige Hilfe. Außerdem legen einzelne Mitarbeiter des Ministeriums eine unzulässige Gleichgültigkeit gegenüber der technischen Entwicklung der von ihnen geleiteten Wirtschaftszweige an den Tag. Zum Beispiel wurde die Ausarbeitung der Methode der Gewinnung von Azetylen aus Erdgas, die für die Entwicklung der chemischen Industrie von großer Bedeutung ist, wie folgt durchgeführt: Dieses Problem „wanderte" 10 Jahre lang durch drei Hauptverwaltungen des Ministeriums für Chemische Industrie, weil die stellvertretenden Minister verantwortungslos arbeiteten.

In Rumänien haben Fachleute der chemischen Industrie die Erforschung dieses Problems später als wir begonnen, und obgleich sie geringere Möglichkeiten hatten, haben sie dieses Problem bereits gelöst und erweisen uns jetzt technische Hilfe, wofür wir ihnen danken.

Man muß sagen, daß auch die Akademie der Wissenschaften der UdSSR den wissenschaftlichen Problemen, die mit der Produktion und der Anwendung synthetischer Stoffe zusammenhängen, zu wenig Bedeutung beigemessen hat. Vor den Wissenschaftlern und Ingenieuren unseres Landes erhebt sich jetzt mit aller Dringlichkeit die Aufgabe, den Rückstand in der Entwicklung der wissenschaftlichen Forschungsarbeiten und bei den Versuchsarbeiten in der Produktion chemischer Erzeugnisse zu beseitigen."

Wenn die Wissenschaftler und Ingenieure ungehemmt ihre Entwicklungen betreiben, so „besteht kein Zweifel, daß die allseitige Entwicklung der theoretischen und wissenschaftlichen Forschungsarbeiten auf dem Gebiet der Chemie unserem Land gestatten wird, in den nächsten Jahren den führenden Platz in der Welt in der Produktion synthetischer Stoffe einzunehmen".

Diese Kritik CHRUSCHTSCHOWs sollte auch uns nachdenklich stimmen, obgleich sie unmittelbar an die sowjetischen Wissenschaftler gerichtet ist. Für uns haben die Ausführungen ebenfalls größte Bedeutung und

Aktualität. Wir Geologen sollten bei der vom Volkswirtschaftsplan geforderten Intensivierung der Erdöl- und Erdgaserkundung die vorgesehenen Relationen zwischen Gas und Erdöl nochmals überprüfen und die Voraussetzungen einer bedeutenden Erdgasgewinnung noch in den nächsten 3–4 Jahren schaffen. Unsere Chemiker sind ihrerseits verpflichtet, im Erdgas nicht wie bisher nur einen Energieträger zu sehen, sondern auch einen der wichtigsten Rohstoffe für die moderne Entwicklung ihres Industriezweiges.

Die Entwicklung der Baustoffindustrie in der UdSSR

KURT DETTE, Berlin

Für die Zeit vom 10.–12. 4. 1958 war vom Ministerrat der UdSSR und vom Zentralkomitee der KPdSU die III. Unionsbaukonferenz nach Moskau einberufen. Auf den Plenartagungen und auf den 9 Sektionen, in denen Stand und Perspektive der wesentlichsten Zweige der Bauindustrie diskutiert wurden, berieten sich die Führer von Partei und Regierung mit den Männern aus Praxis und Forschung. Auf der Konferenz sprach der stellvertretende Vorsitzende des Staatlichen Komitees für Bauwesen der UdSSR „Über die weitere Entwicklung der Baustoffindustrie“. Der Originalartikel erschien am 11. 4. 1958 in der „Stroitjelnaja Gaseta“. Der Auszug des Referates ist enthalten in der Zeitschrift „Die Presse der Sowjetunion“ Nr. 49/1958 S. 1044–1049.

Auf Grund der vom XX. Parteitag der KPdSU gewiesenen Richtlinien und der Beschlüsse der sowjetischen Regierung wurde die Baustoffindustrie der UdSSR seit 1953 wesentlich gesteigert. Die Zunahme des Produktionsvolumens während der 4 Jahre von 1953–1957 konnte für einige Materialien graphisch dargestellt werden (s. Abb.). Das Schema spiegelt nur, wie schon der als gemeinsam angenommene Ausgangspunkt erkennen läßt, die prozentuale Entwicklung eines Teiles der Baustoffindustrie wider.

Um die Voraussetzungen für die Steigerung des Bauwesens und vor allem des Wohnungsbaues noch günstiger zu gestalten, werden Notwendigkeit und Möglichkeiten der Produktionssteigerung in einzelnen Sparten der Baustoffindustrie begründet. In der Herstellung von Stahlbetonfertigteilen hat die SU schon absolut die führende Stellung in der Welt inne, jedoch konnte die Produktion 1957 noch nicht die starke Nachfrage des sowjetischen Inlandbedarfes befriedigen. Neben der Steigerung und Qualitätsverbesserung der Erzeugung werden neue, technisch zweckmäßige Konstruktionen, wie dünnwandige Hohlkörper und Gitterkonstruktionen aus Spannbeton gefordert, um das Gewicht der Bauwerke senken zu können. Spezialisierung der Betriebe sowie eine in Moskau mit großem Erfolg durchgeführte Zusammenlegung der Werke für Spannbetonfertigteile brachte seit dem Jahre 1955 wesentliche Produktionssteigerungen, und die Einführung des Walzverfahrens bei der Herstellung von Stahlbetonerzeugnissen erhöhte die Arbeitsproduktivität in den Formereien auf das 1,5 bis 2fache. Für die Zementindustrie wurde eine gewaltige Steigerung ihres Kapazitätsvolumens vorgesehen. Die Zementproduktion soll in folgender Größenordnung gesteigert werden:

Jahre	Mio t
1958	33,6
1961	60
1965	80 bis 82

Zur Erreichung dieser gewaltigen Aufgabe sollen in bestehenden Betrieben weitgehende Rekonstruktionen durchgeführt werden. Darüber hinaus werden neue Zementwerke vornehmlich in Sibirien, in dem weiten Gebiet von Tscheljabinsk bis Sachalin gebaut. Dabei sind Drehrohröfen von 170 m Länge und Zementmühlen mit 50 t Stundenleistung vorgesehen. Außerdem soll eine Senkung des Zementbedarfes dadurch erreicht werden, daß an die Qualität der Zuschlagstoffe (Splitt, Kies und Sand) höhere Anforderungen als bisher gestellt werden. Für die Gewinnung geeigneter Zuschlagstoffe sollen Steinbrüche erweitert, neu angelegt und modern mechanisiert werden. Der Gesamtumfang der Produktion leichter Zuschlagstoffe soll gleichfalls gesteigert werden. Die Erzeugung von Ziegeln soll nach Menge und Güte erhöht werden, außerdem ist beabsichtigt, großformatige, farbige „Silikatziegel“ herzustellen. Ebenso sollen die großformatigen Wandblöcke aus Zellenbeton das Bauen erleichtern und zur Senkung des Gebäudegewichtes beitragen.

Alle Vorbereitungen sind getroffen, um auch die großen Schilfrohrbestände der SU für die Bauindustrie nutzbar zu machen. Schilfrohrmäher mit Garbenbindern und Horizontalpressen für die Herstellung von Schilfrohrplatten sind in Serienherstellung. Bei mechanisierter Rohraufbereitung und Plattenproduktion sind die Schilfrohrplatten billiger als alle anderen Baumaterialien. Sie haben sich als Baumaterial für landwirtschaftliche Gebäude auch wegen ihrer wärme-

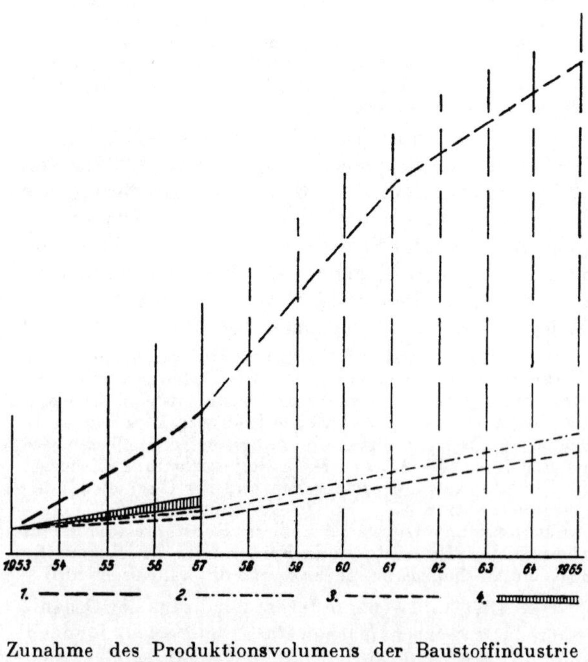

Zunahme des Produktionsvolumens der Baustoffindustrie der UdSSR in den Jahren 1953 bis 1957

1 – Stahlbetonfertigteile; 2 – Zement; 3 – Wandbaumaterialien; 4 – Schiefer, Holzfaserplatten, Trockengipsputz, sanitär-technische Ausstattungen.

isolierenden Eigenschaft gut bewährt. Um den Bedarf an Dachplatten decken zu können, soll die Erzeugung von Schieferplatten von 2,4 Milliarden Stück im Jahre 1958 auf 6 Milliarden Platten im Jahre 1965 gesteigert werden. Hauptgewinnungsgebiete werden Sibirien, Kasachstan und der Südwesten der Ukraine sein. Bemerkenswert ist, daß die SU in ihrem Wohnungsbauprogramm auch den Sektor „Industrie für Fertighäuser" wesentlich steigern will, womit vor allem der Verkauf an die Bevölkerung gedeckt werden soll. Die Entwicklung des Hausverkaufes an private Bauinteressenten, gemessen in m² bebauter Grundfläche, soll folgenden Verlauf nehmen:

1957	1958	1961
137000 m²	3,5 Mio m²	18 Mio m²

Die hohen Ziele der vorgesehenen Produktionssteigerungen in der Baustoffindustrie der SU lassen sich nur erreichen, wenn die Neuausrüstung der Baustoffbetriebe und ihre Automatisierung beschleunigt durchgeführt werden, wobei nicht nur an automatisierte Fertigungsstraßen, sondern auch schon an vollständig automatisierte Versuchswerke gedacht ist. Typisierung der Erzeugnisse (Walzprofile) und Normung sowie Senkung der Kosten für die in Projektierung befindlichen Werke werden die Baustoffindustrie leistungsfähiger machen. Durch zentrale Unterstellung unter die Volkswirtschaftsräte der Republiken sind auch die Voraussetzungen geschaffen, die bisher zu beobachtende Zersplitterung in der gesamten Baustoffindustrie zu überwinden. Doch auch die wissenschaftliche Forschung wird ihre Arbeit noch mehr als bisher für den technischen Fortschritt in der Produktion einsetzen. Für die Praxis sind von vordringlichem Interesse die Fragen der Technologie von Spannbeton und die Schaffung neuartiger, leichter Konstruktionen aus Stahlbetonfertigteilen. Der Einsatz von Kunststoff- und Glaswatte-Erzeugnissen für wärme- und schallisolierende Materialien, Konstruktionen aus Leichtmetall-Legierungen u. a. Zur Lösung dieser Aufgaben sollen weitere Laboratorien und Forschungs-Institute eingerichtet werden, die über die Akademie für Bauwesen mit entsprechenden Instituten des Auslandes wissenschaftlich - technischen Informationsaustausch pflegen.

Medizinische Probleme und Bedeutung der sogenannten Radiaesthesie

(Wünschelruten- und Pendelkunde)

Aus dem Institut für Gerichtliche Medizin der Humboldt-Universität zu Berlin

OTTO PROKOP, Berlin

Unter den zahlreichen abergläubischen Praktiken, die zweifellos mitunter einem interessanten medizinischen Substrat ihr Leben verdanken, steht die Wünschelrute mit an erster Stelle. Sie fristet im Schatten der Naturwissenschaften ebenso wie die Astrologie und der Gleichklangzauber, wie wir ihn heute noch z. B. in verfeinerter Form in der Homöopathie wiederfinden, ein geduldetes Dasein. Die Naturwissenschaft kümmert sich um diese Relikte vergangener Jahrhunderte fast nicht — sie hat besseres zu tun. Diese rationelle Haltung entspringt einer verständlichen Abneigung gegen die fremdartige „Fachsprache", in der Termini zur Anwendung kommen, die der Naturwissenschaft fremd sind, und der Leser von Schriften der genannten Parawissenschaften wird nicht hoffen dürfen, an irgendeiner Stelle mit seinem Wissen in die Materie einzudringen. Zwar präsentieren sich auch wissenschaftlich aufgemachte Mitteilungen unter Anziehung zahlreicher bibliographischer Zitate, doch die Ehrenrettung gelingt nur in den Augen der Laien.

Diese Einleitung mag den Eindruck erwecken, als würde einer wissenschaftlichen Untersuchung das Ergebnis vorweggenommen, was bei wissenschaftlichen Abhandlungen nicht üblich ist. Sie ist das Ergebnis einer jahrelangen Studie.

Die Radiaesthesie, für deren Realität sich heute eine Reihe gebildeter Menschen direkt oder indirekt einsetzt, hat ihren Aufschwung der Entdeckung der verschiedensten Wellenstrahlungen zu verdanken. Die Verfechter radiaesthetischer Theorien haben mit ihren Anzeige-Instrumenten, deren Bewegungen sie sich nicht zu erklären vermögen, das Spektrum der bekannten elektromagnetischen Wellenstrahlungen durch die besonders mit der Wünschelrute angezeigten neuen Strahlungen bereichert. Es sind dies die

Formstrahlen,
Körperstrahlen,
W-Strahlen,
CODY-Strahlen,
Wasserstrahlen und besonders die
Erdstrahlen.

Bei diesen Strahlen handelt es sich, wie ABRAHAM ESAU sarkastisch erklärte, um Strahlen, welche die neue physikalische Eigenschaft haben, sich dem Nachweis durch den Fachmann zu entziehen, sich aber gleichzeitig dem Laien zu offenbaren. Da diesen Strahlen biologische Wirkungen zugeschrieben werden, gegen die nach Ansicht zahlreicher Ärzte und Laienbehandler abschirmende Maßnahmen getroffen werden müssen (POHL u. lfd. Nr. der Zeitschrift für Radiaesthesie), ist das Problem von sozialhygienischem, ja gerichtsmedizinischem Interesse, ja mitunter eine Angelegenheit der Strafjustiz (ELBEL). Dies gilt besonders für die Tätigkeit von Wünschelrutengängern, die beim Wassersuchen zu einer großen Einbuße öffentlicher und privater Gelder Anlaß geben.

FOLTZ, der in den dreißiger Jahren (für eine damals bekannte Organisation) eine Nachprüfung der Tätigkeit des berühmten Rutenforschers Herrn von GRAEVE anstellte, hat uns mit eidesstattlicher Erklärung eine Liste der Bohrungen zusammengestellt, die nach Angaben des Rutenforschers Herrn von GRAEVE angestellt und zu Kapitalverlusten geführt haben (s. Tab.).

Dieses Ergebnis eines gefeierten Radiaesthesisten, der als Deutschlands berühmtester Wünschelruten-Publizist und Rutenmeister gerühmt wurde, darf ohne weiteres als symptomatisch für die Radiaesthesie überhaupt angesehen werden, und der Autor könnte eine

Zusammenstellung größerer Kapitaleinbußen durch die Tätigkeit des Rutengängers v. GRAEVE (die kleineren Verluste sind nicht aufgeführt)

Jahr	Ort	Betrag in Mark
1919	*Uffenheim* Kapitalverlust	74122 Goldmark
1920	*Sommerhausen* I. Bohrung (Gesamtverlust ging in die Millionen, z. T. aber schon Inflationsgeld) Kapitalverlust	40000 Goldmark
1923	*Gernrode* (am Kuhkopf) Kapitalverlust	20000 Goldmark
1924	*Bad Tölz*	unbekannt
1924	*Bad Schandau* Nur Bohrarbeiten	30000
1925	*Traunstein* Kapitalverlust (nach anderen Angaben 49000)	40000 Goldmark
1925	*Rottleben Kyffhäuser*	5000 Goldmark
1928	*Bergzabern*	unbekannt
1935	*Schliersee* Stadtbohrung	250000
	Privatbohrungen (nach anderen Angaben 1000000)	600000
1918–20	*Reutlingen* (allein bis Ende 1919 Kosten für Weiterbohrung unbekannt)	61062
1919	*Rimpar* (Ufr.) „Am Galgen". Nur an Bohrfirma bezahlt Mai 1919	10977
	September	13367
	April 1920	16193
1919	*Greiz* Stadtwerke Kapitalverlust	46000
1920	*Großrinderfeld*, Baden	70000
1921	*Waldstetten* Am Buchen	35466
1921	*Rothenburg*/Tauber Bohrkosten	10627
	Mutung	1500
1922/23	*Thale*/Harz geschätzter Kapitalverlust	15000
1924	*Randsacker* (Ufr.)	unbekannt
1924	*Gernrode* Spinnerei Kapitalverlust über	10000
1925	*Gernrode* Steigerbassin geschätzt	14000
1925	*Blankenburg*/Harz geschätzt untere Grenze	8500
1925	*Bad Steben* geschätzt	18000
1925	*Heuderger*/Harz (Plumbohm) geschätzt	7000
1926	*Kehlheim*	unbekannt
1926	*Königsbach*	unbekannt
1926	*Ziegenbrück* (Stadt) Kapitalverlust	1200
1927	*Bodenwerder* (nur für die Bohrfirma)	8746
1929	*Borken*, Bez. Kassel (Blumenhain) Kapitalverlust	27785
1930	*Eppstein* (Taunus) (Nach anderer Berechnung 45153)	40000
1930	*Böhl* Rheinpfalz Kapitalverlust (Nach anderer Schätzung 25–30000)	20000
1935	*Missenhart* bei Tettnang (Württbg.) Kapitalverlust	4250
1936	*Argenhardt* bei Tannau (Württbg.)	unbekannt
1936	*Oggenhausen* Brauerei Majer	unbekannt
1937	*Naumburg*, Saale (Kroppentalstr.) Kapitalverlust	15269
1924	*Tutzing* (Oberbayern) Textil	10000
		rund 1500000 Goldmark

Fülle ähnlicher Beispiele nennen. In einem von uns besonders publizierten Fall sind sogar von seiten eines Kaiserhauses und bedeutender Geschäftsleute für die radiaesthetischen Anzeigen eines Geisteskranken und seiner Rutengänger Unsummen für eine Schatzgrabung verschleudert worden.

In Aurolzmünster (Oberösterreich) wurde nach den riesigen Goldschätzen des Hunnenkönigs A t t i l a gegraben, der mitten unter seinen Getreuen unter goldenen Baldachinen unter dem Schloß Aurolzmünster bestattet sein sollte. Die Wünschelrutengänger spürten sogar die nach dem Tode weiterwirkende Blutgier und Lebenskraft des Bestatteten, so daß bei der radiaesthetischen Untersuchung bei ihnen wiederholt Erbrechen auftrat. Die bei den Grabungen verschleuderten Gelder werden auf etwa 1800000 Mark geschätzt. Da die radiaesthetischen Forscher auch eine unerhört energiereiche, flüssige, magnetische Urkraft fanden, konnten zahlreiche Persönlichkeiten zur Herausgabe von Geld bewegt werden (GELLER, PROKOP, WENDTE). Dieser Fall steht nicht einzigartig da, da auch andere, fast unglaubliche Schatzgräber-Affären von Wünschelrutengängern inszeniert wurden (Zusammenstellung bei KYRLE).

Der Arzt, der sich mit solchen Problemen befaßt, wird nicht daran zweifeln, daß bei derartigen Wünschelruten-Vorkommnissen nicht selten psychiatrische Momente eine sehr wesentliche Rolle spielen (WEITBRECHT, GEYER, GELLER, PROKOP, WENDTE). Diese sollen aber nicht Gegenstand dieser Betrachtung sein, vielmehr soll geprüft werden, inwieweit naturwissenschaftlich-biologisch die radiaesthetischen Anzeigeinstrumente, Wünschelrute und Pendel, als präzise Werkzeuge angesehen werden können.

Bekanntlich wird behauptet, daß die Wünschelrute und das Pendel ruhig gehalten bzw. über das Versuchsfeld getragen würden und daß durch plötzlich einsetzende, z. B. aus den Erdstrahlen kommende Impulse eine zusätzliche spezifische Muskelaktion bewirkt würde, die den Ausschlag des radiaesthetischen Instrumentes verursache. Da bereits kleinste Impulse die im labilen Gleichgewicht schwebende und angespannte Rute zu einer kleinen Stellungsänderung zwingen und damit ein Ausschlag zustandekommt (HOLZLÖHNER), wird man prüfen müssen, ob nicht auch unspezifischerweise eine derartige Stellungsänderung möglich werden kann. Dies muß man uneingeschränkt und ausnahmslos für alle Rutengänger bejahen, da es Bewegungseinflüsse gibt, die sich dem Bewußtsein des Menschen entziehen. Eine ruhige Haltung der Wünschelrute ist a priori schon gänzlich unmöglich. Man vergleiche mit einem stehenden Schützen, der über sein angelegtes Gewehr visiert. Ein Ruhighalten ist bereits nach kurzem Halten nicht mehr möglich, das Gewehr muß abgesetzt werden, weil der Intentionstremor die Zitterbewegungen immer mehr vergrößert. Wie erheblich größer sind die Zitterbewegungen der die Wünschelrute haltenden und anspannenden Muskeln, wenn man noch dazu daran denkt, daß der Wünschelrutengänger g e h t. Untersuchungen über die Zitterbewegungen, soweit sie hier von Interesse sind, finden sich bei LEHMANN. Das Tragen einer Wünschelrute kann ferner arbeitsphysiologisch als statische Haltearbeit bezeichnet werden, unterliegt also demnach auch allen hier bekannten Gesetzmäßigkeiten. Wie mittels arbeitsphysiologischer Versuchsanordnungen festgestellt worden ist, wird bei auftretender Ermüdung infolge statischer Arbeitsleistung die Kraftentfaltung größer (DOLGIN u. LEHMANN 1929), was zu einer geringeren Durchblutung der Muskulatur infolge Kompression versorgender Blutgefäße führt. E. A. MÜLLER hat (1932) dies gerade für die Haltearbeit der (beim Wünschelrutengänger wichtigen) Beugemuskeln des Oberarms und die dabei auftretenden Ermüdungswerte untersucht und berechnet. KRESTOWKIKOW hat aber bei statischer Belastung eine Erhöhung der Chronaxie und Rheobase[1]) der angestrengten Muskeln wiederholt feststellen können, wobei sogar bestimmte Korrelationen zwischen arbeitenden und ruhenden Muskeln (regional verschiedenen) bestehen. Dies bedeutet aber — auf den Wünschelrutengänger übertragen —, daß die Empfindlichkeit der angespannten Muskeln infolge wechselnder Erregung und Erregbarkeit schwankt und mit zunehmender Ermüdung durch die statische Belastung eine geringere Ansprechbarkeit auf zusätzliche Impulse zu erwarten ist.

Beim Studium der Bewegungen der Wünschelrutengänger wird man aber noch viel kompliziertere Verhält-

[1]) *Rheobase:* Reizschwelle beim Dauerschluß eines konstanten Stromes. *Chronaxie:* Zeit, die ein Strom von der doppelten Rheobase haben muß, um eine Muskelerregung zu bewirken.

nisse unterstellen dürfen und an Bewegungszuwendungen denken müssen, die aus den pyramidalen und extrapyramidalen Mechanismen resultieren. Daß Gemütserregungen die Ausdrucksbewegungen eines Menschen beeinflussen (BIRNBAUM, BAUDOUIN, LAMBERT, ferner einschlägige Lehrbücher der Psychologie) und dazu noch die von bestimmten Autoren abgetrennten Phänomene der Gestik, Mimik und Physiognomik, ist hinlänglich bekannt. Es kann aber nicht ernsthaft in Abrede gestellt werden, daß Gemütsbewegungen gerade bei Wünschelrutengängern, die etwa beobachtet werden oder Gold oder „Wasseradern" suchen, auftreten. Besonders aber Bewegungsimpulse, die aus dem Pallidum und Striatum einfließen, sind von Gemütserregungen abhängig, was ja bekanntlich das Studium der PARKINSONschen Erkrankung lehrt. Die Schüttelbewegungen der Arme werden bei Erregung stärker. Als weiteres Bewegungsmoment muß beim Wünschelrutengänger das Auftreten von Ungeduldsbewegungen im Sinne von EBBECKE diskutiert werden. So können etwa Kratzbewegungen, wie wir sie von vielen Tieren, die sich putzen (Fliege, Biene, Huhn, Hund, Katze, Affe) her kennen, und als Urform sogar beim Rückenmarksfrosch und Spinalhund als „Wischreflexe" sehen, beim Menschen als Symbolhandlung auftreten. EBBECKE hat z. B. das Kratzen hinter dem Ohr als einen Fall einer solchen unlustbetonten Symbolhandlung beschrieben, die gerade von der Stimmung stark abhängig ist. Wer wird bezweifeln können, daß lust- und unlustbetonte Momente die Tätigkeit des Rutengängers beeinflussen! Der Gedanke an Wasser, an Gold und an das Honorar, an die Ehre oder die Blamage schaffen die ursächlichen Faktoren der Lust und Unlust. Das Studium der menschlichen Bewegungen zeigt weiter ein oft symplexes Zusammenspielen von Unbewußtem, Affektivem und Willkürlichem. EBBECKE hat das am Beispiel des Gähnens und Schluckens untersucht. Es kann reflektorisch auftreten, willkürlich ausgelöst werden, ja bei bestimmten Menschen dann einsetzen, wenn sie an anderen Menschen den Vorgang beobachten („Gähnen steckt an") oder sogar nur ein „Gähnmodell" (Auf- und Zuklappen der aufeinandergelegten Hände) sehen oder — und das ist für uns am wichtigsten — nur an das Gähnen denken.

Übertragen wir das auf den Rutengänger: Er denkt an die Muskelzuckung im Arm, an den Ausschlag, an die Bewegung, an das Fließen des Wassers, oder er sieht eventuell gar ein „handgreifliches" Modell. Wenn wir nochmals an die HOLZLÖHNERsche Arbeit denken, nach der schon 1 Winkelgrad in der Stellungsänderung der Wünschelrute ein Umschlagen derselben bewirkt, so werden wir im Zusammenwirken mit dem vorher Gesagten verstehen, warum ein Radiaesthesist so oft „danebengreift".

GRASSBERGER hat bereits vor 40 Jahren in Wien in einer ausgezeichneten Betrachtung physiologisch direkt auf die Greifbewegungen im Hinblick auf das Rutengehen Bezug genommen und dieses als atavistische Greifbewegung analysiert. Sinngemäß sagt er, daß das kleine Kind nach allem greife, was ihm einen gewissen Auffälligkeitswert zu bieten scheint. Es greift schon in der Wiege nach der goldenen Uhr, nach blitzenden Gegenständen, farbigen Mustern usw., „um zu begreifen". Diese Greifbewegungen werden durch Ausreifen von Hemmungszuwendungen beim Erwachsenen in den Hintergrund gedrängt, gehen aber nicht verloren. So müssen in vielen Ausstellungen gut sichtbare Schilder angebracht werden: „Berühren verboten", weil einige Besucher „gedankenlos" triebhaft „begreifen" wollen. Bei anderen zuckt es nur noch in den Fingern — ein empfindliches Anzeigeinstrument, die Wünschelrute, kann aber dadurch ausschlagen.

Daß allein die gedankliche Vorstellung eines muskelmotorischen Vorganges Wegbereiter dieser Bewegung sein kann, ist naturwissenschaftlich in einer glänzenden Arbeit von ALLERS und SCHEMINZKY nachgewiesen worden. Die Autoren haben schon 1926 in der von einer Vorstellung betroffenen Muskulatur Muskelaktionsströme bei ihren Versuchspersonen nachgewiesen. Also die Vorstellung einer Bewegung (z. B. Wünschelrutenausschlag) genügt schon, um diese Bewegung zu katalysieren. (Schon 1920 hat MOEDE von psychologischer Seite her synonyme Bewegungen bei Versuchspersonen gesehen, die einen Experimentator beobachteten.)

Die zuletzt zitierten Arbeiten führen zu einem großen Gebiet hinüber, das unter dem Sammelbegriff „Ideomotorische Bewegungen" („CARPENTER-Effekt") bekannt ist, einem Phänomen, das erst in letzter Zeit von RICHTER näher analysiert wurde. Das sehr komplexe Gebiet muß einem näheren Studium empfohlen werden. Vereinfacht versteht man darunter eine menschliche Reaktionsform in Form einer Bewegung, die unbewußt aus der Beobachtungs- oder Vorstellungswelt vielfach geradezu gesetzmäßig zutage tritt.

Der Wünschelrutengänger ist im Hinblick auf die Ideomotorik von uns schon vor Jahren mit dem „Unfäller" verglichen worden. Es gibt ja bekanntlich Menschen, welche bei einem ganz bestimmten Arbeitsvorgang oder bei einer bestimmten Verkehrssituation oder Situation des täglichen Lebens immer wieder verunglücken, wobei für das Zustandekommen der Bewegung, die schließlich zu dem Unfall führt, die zufällige Anwesenheit bestimmter bedingender Faktoren oder Umstände auslösend wirkt. Daß die Ideomotorik dementsprechend auf im Einzelfall noch näher zu untersuchende Umstände hin Bewegungen in Gang bringen kann, ist klar, was selbst von Anhängern der Wünschelrute vielfach zugegeben wurde.

Man sieht, wie sich das ganze Problem der Radiaesthesie in zahlreiche naturwissenschaftlich gut durchstudierte Einzelfragen auslösen läßt. Dies wird gleich weiter deutlich, wenn man noch an andere physiologisch wichtige Erkenntnisse denkt.

Bei der Lage der Wünschelrute in der Hand des Rutengängers wird die Aufrechterhaltung des labilen Gleichgewichtes in hohem Maße von der Handreibung abhängig sein. Diese aber ist vom Feuchtigkeitsgehalt der Handinnenfläche mitbestimmt. Sie wiederum ist dem TARCHANOFF-Reflex unterworfen. Nicht nur bei körperlichen Anstrengungen, sondern auch bei Gemütserregungen kann man im Experiment das Austreten von Schweißtröpfchen aus den Schweißporen beobachten.

Dieses Phänomen ist ja auch vom Lügendetektor her bekannt, bei dem die Leitfähigkeit der Körperoberfläche für galvanischen Strom gemessen wird („Psychogalvanometer"). Bei Personen, die während einer Vernehmung lügen, soll infolge Schweißaustritt der Hautwiderstand abnehmen. Der Vorgang ist aber bekanntlich nicht spezifisch.

Beim Studium der Wünschelruten-Literatur wird der Arzt aber noch vielfach auf eine Unkenntnis grundlegender biologischer Erkenntnisse bei den Wünschelrutenforschern stoßen. Wegen der grundsätzlichen Bedeutung sei hier auf ein in der Sinnesphysiologie bekanntes Phänomen hingewiesen, das stets unbeachtet geblieben ist. Es ist das Phänomen des „Einschleichens". Immer wieder werden von Privatforschern der Rutengänger Abbildungen veröffentlicht, welche die Koinzidenz des Rutenausschlages mit Verzerrungen des magnetischen oder Veränderungen des elektrischen Feldes beweisen sollen. Diese kurvenmäßigen Darstellungen sind meist schon so vieldeutig, daß man bei willkürlichem Verschieben der Abszisse in den Kurven auch andere geeignete Punkte als bedeutsam anschuldigen könnte. Es ist auch nicht einzusehen, warum das magnetische Erdfeld oder ganz bestimmte Größen in diesem einen Rutenausschlag bewirken sollen, wo künstliche, viel stärkere magnetische Felder auf den Rutengänger ohne Effekt geblieben sind (siehe Literatur Königlich-Niederländische Akademie der Wissenschaften). Selbst wenn die schwachen Erdfelder biologisch relevant wären, so wäre wegen des allmählichen Reizanstieges im Rutengänger beim Hineingehen in das Feld kein biologischer Effekt wegen des „Einschleichens" zu erwarten.

Dieses Phänomen ist ganz einfach am Kniesehnenreflex zu demonstrieren. Wird mit dem Reflexhammer rasch auf die Kniesehne geschlagen, so kommt es zu einem raschen Reizanstieg („steiler") und zum Reflex. Nehmen wir aber einen Reflexhammer und drücken allmählich auf die Kniesehne, so können wir auch bei zehnfach stärkerer Kraftanwendung keinen Reflex auslösen. Die Muskelzuckung bleibt aus. Das gleiche gilt auch für elektrische Muskelreize.

Es ist im Schrifttum der Radiaesthesisten vielfach behauptet worden, daß gerade die schwächsten Reizänderungen beim Rutengänger von Bedeutung seien, und es wird dabei auf die Homöopathie Bezug genommen. Auch hier — so wird argumentiert — würden Stoffverdünnungen, die sogar über die LOSCHMIDTsche Zahl hinausgehen, starke biologische Reize setzen. Ein derartiges Bezugsetzen kann nicht durchgreifen, da die Homöopathie eine der Glaubenssphäre angehörige Disziplin ohne naturwissenschaftliche Grundlage und Anerkennung ist (PROKOP, JUNG, SCHEIBE, LENDLE). Dabei muß freilich gesagt werden, daß es überhaupt müßig ist, auf die dauernden Behauptungen der Rutengänger einzugehen, da die offiziellen und z. T. über viele Monate hinweg durchgeführten Prüfungen ergeben haben, daß die Aussagen mehrerer Rutengänger einander stets widersprechen und nicht reproduzierbar sind (in den letzten Jahren: Königlich-Niederländische Akademie der Wissenschaften, EKSTRÖM, GASSMANN, MAKKINK).

Dem Kenner der Materie wird aber ein anderes medizinisches Problem auffallen, dessen Anwendbarkeit auf die Wünschelrute uns erst vor einigen Jahren aufgefallen ist: die zentrale Nacherregung (KOHNSTAMM 1915).

Heute wird die Nacherregung schon als Gesellschaftsspiel ausgelöst. Faßt man mit einem etwa gleichgroßen Bekannten die Hände über das Kreuz und bildet so einen Sitz und trägt auf diesem Sitz ein Kind einige Zeit spazieren, so wird man beobachten, daß nach Absetzen der Last in den Armen ein ganz eigenartiges Gefühl der Leichtigkeit auftritt, so „als würden die Arme von einer unbekannten Kraft gehoben". Die gleiche Sensation hat auch ein Experimentator, der sich seitlich an eine Wand stellt und etwa 20 Sekunden den gestreckten Arm mit dem Handrücken gegen die Wand drückt. Macht der Experimentator dann eine Wendung um 90°, so wird er beobachten, daß der Arm nun ganz leicht geworden ist, ja daß er von geheimnisvoller Kraft sogar ein Stück gehoben wird.

Diese subjektiv sonderbar anmutende Kraft tritt beim Wünschelrutengehen besonders lebhaft in Erscheinung, da hier die Handbeuger beider Seiten in gleicher Weise dann „nacherregt" werden, wenn die Wünschelrute durch Gleiten aus ihrem Gleichgewicht die Möglichkeit zu einer Kontraktion der Beuger (besonders fls. carpi uln.) freigibt. Die Nacherregung kann im übrigen nach einiger Zeit verstärkt wieder in Erscheinung treten (ALLEN).

Dieser verblüffende Effekt ist es, der beim Wünschelrutengänger den Glauben an „Erdstrahlen" bewirkt. Das subjektiv starke Erlebnis, das er immer wieder haben kann, macht ihn zum gläubigen Anhänger okkulter Vorstellungen.

Literatur

ALLERS, R. u. SCHEMINZKY, F.: Über Aktionsströme der Muskeln bei motorischen Vorgängen und verwandten Vorgängen. — Pflügers Arch. Physiol. 212, 169 (1926).

BAUDOUIN, CH.: Psychologie der Suggestion und Autosuggestion. — Sibyllen-Verl. Dresden 1926.

BIRNBAUM, K.: Handwörterbuch der medizinischen Psychologie. — Thieme, Leipzig 1930.

CURSCHMANN, H. u. KRAMER, F.: Lehrbuch der Nervenkrankheiten. — 2. Aufl., Springer, Berlin 1925.

DOLGIN u. LEHMANN: zit. nach MÜLLER,

GRAEVE, Otto, Edler von: Abwehr unberechtigter Angriffe auf die Wünschelrute. Intern. Mineralquellenzeitung. — 13, 284, 10, Wien 1912.

— Bestätigungen über erfolgreiche Schürfungen vermittels der Wünschelrute. Osterode o. J. (angebl. 1912).

— Zur Wünschelrutenfrage. — Mitteilungen für die öffentlichen Feuerversicherungsanstalten 45, 2, Kiel 1913.

GRUHLE, H. W.: Lehrbuch der Nerven- u. Geisteskrankheiten. — 2. neubearb. Aufl. Marhold, Halle 1952.

HOLZLÖHNER: Sinnesphysiologisches zur Rutengängerfrage. — Med. Welt 8, 286 (1936).

JUNG, F.: Die Situation der Homöopathie in der UdSSR. — Z. ärztl. Fortbild. 51, 1045 (1957).

LAMBERT, F.: Autosuggestive Krankheitsbekämpfung. — 4. verg. u. verb. Aufl. Radebeul-Dresden: Verl. d. Lambert-Coué-Instituts (Cop. 1936/37).

LENDLE, L.: Theoretische Betrachtungen zur homöopathischen Lehre. — Vortr. anl. d. Stuttgarter Ärzte-Fortbildungstagung v. 9. 7. 1955.

MOEDE, W.: Experimentelle Massenpsychologie. — Leipzig 1920.

MÜLLER, E. A.: Das Arbeitsmaximum bei statischer Haltearbeit. — Arb. physiol. 5, 605 (1932).

PROKOP, O.: Über den Lügendetektor. — Wissenschaft u. Fortschritt 7, 453 (1957).

— Wünschelrute, Erdstrahlen u. Wissenschaft. — Urania, Leipzig/Jena 1957.

PROKOP, O. u. PROKOP, L.: Homöopathie und Wissenschaft. — Stuttgart, Enke 1957.

RICHTER, H.: Über ideomotorische Phänomene. — Z. Psychol. 157, 201 (1954).

— Zum Problem der ideomotorischen Phänomene. — Z. Psychol. 161 (1957).

SCHEIBE, E.: Über die Grenzen der Herstellbarkeit sog. homöopathischer Arzneimittel. — Dtsch. Ges. Wesen 13, 188 (1958).

Besprechungen und Referate

TASCH, K. H.

Geophysik im Steinkohlenbergbau — Verfahren und Möglichkeiten

„Bergbau-Rundschau" Nr. 3, Jg. 10, 1958, S. 129—134

Eine Durchmusterung der geophysikalischen Schürfmethoden zum Zweck ihrer Anwendung für den Steinkohlenbergbau

Die Forderung der Vorausbestimmung von Gebirgsverhältnissen gewinnt für den Steinkohlenbergbau immer größere Bedeutung. Eine Lösung solcher Fragen kann durch die Geophysik erzielt werden. Für den Steinkohlenbergbau kommen als taugliche Verfahren Gammastrahlenmessung, Elektrik vom Bohrloch aus und Reflexionsseismik in Betracht; andere geophysikalische Methoden nicht.

I. Messung der natürlichen Gammastrahlung im unverrohrten oder verrohrten Bohrloch. Die Meßergebnisse werden als Kurven registriert. Kohlenflöze zeigen sich als Minima dieser Kurven an; tonige Schichten bringen Maxima; Sandsteine sind je nach Tongehalt mehr oder weniger intermediär. Ziemlich genau lassen sich so im Bohrloch Lage und Mächtigkeit der Flöze erkennen und auch der Wechsel toniger und sandiger Gesteine.

II. Elektrische Schürfungen von Tage aus haben im Kohlebergbau keine Bedeutung. Die elektrischen Bohrlochmessungen dagegen sind sehr wichtig. Man hat bei diesen Messungen folgende Verfahren:

1. Widerstandsmessungen,
2. Messungen des Eigenpotentials,
3. die obengenannte Messung der Gammastrahlung,
4. Kalibermessung (Bohrlochdurchmesser),
5. Temperaturmessung,
6. Messung des Schichteinfallens,
7. Messung der Bohrlochabweichung.

1. Auf die Messung des elektrischen Widerstandes — die wichtigste elektrische Schürfart — bauen sich die meisten obigen Methoden auf. Jedes Gestein, je nachdem es fein, grobporig, trocken, mit Süß- oder Salzwasser gefüllt ist, hat ganz bestimmten elektrischen Widerstand. Er wird gemessen und laufend registriert. Kohlenflöze haben besonders hohen Widerstand, während er in Sandsteinen, besonders in salzwassergefüllten, klein ist. Um die Mächtigkeit der Flöze genau zu ermitteln, wendet man dieses Verfahren mit ganz kleinem Elektrodenabstand an (Mikrolog). Die Elektroden werden eng an die Bohrlochwand gepreßt, um den Einfluß der Spülung auszuschalten. Hiermit erhält man auch im Deckgebirge Aufschlüsse über Porosität und Durchlässigkeit der Gesteine.

2. Zugleich mit der Widerstandsmessung wird das „Spontane Potential" oder Eigenpotential festgestellt, die graphische Aufzeichnung der natürlichen elektrischen Spannungen, die sich beim Kontakt von Bohrlochinhalt und flüssigem Gesteinsinhalt ergeben.

3. Siehe unter I.

4. Besonders im Deckgebirge ist die Messung des Bohrlochdurchmessers, die sog. Kalibermessung, wichtig. Das nicht standfeste Gestein wird durch Auskesselungen und Erweiterungen im Bohrloch sichtbar. Eine Sonde mit Schleifbügeln wird ins Bohrloch gebracht und aufgezogen. Die Bewegung der Bügel ändert die Koppelung eines Transformators. Die Sekundärspannung wird registriert, woraus sich ein Diagramm des Bohrlochdurchmessers ergibt. Neuerdings ist dieses Verfahren mit dem Mikrolog gekoppelt.

5. Temperaturmessung ist anwendbar, nachdem die Zirkulation der Spülung zum Stillstand gekommen ist. Hierbei treten nach etwa 8 Stunden Wartezeit die Kohleflöze als schlechte Wärmeleiter deutlich hervor.

6. Aufschlußreich ist bei halbsteilem Schichteinfallen die Messung der Schichtneigung (Stratamessung). Eine Sonde mit 3 Elektroden wird eingeführt, die an einer Kompaßnadel orientiert werden. Diese Elektroden zeigen bei Neigung Schichtenwechsel nacheinander an.

7. Messung der Bohrlochabweichung ist sehr wichtig, weil man bei größerer Abweichung von der ursprünglichen Bohrlochrichtung ein vollkommen falsches Bild von der Mächtigkeit der Flöze erhält. Dieses Verfahren bedient sich einer Kugel in einer Glasschale mit Gradeinteilung. Die Kugel verlagert sich bei Änderung der Neigung; sie wird etwa alle 50 m fotografiert.

Es besteht die Möglichkeit, aus gewissen Partien Gesteinsproben zu entnehmen. Eine kleine Sprengladung am Boden eines Kernrohres treibt, elektrisch gezündet, dieses in die Bohrlochwand hinein, so daß es, gefüllt mit Gestein, herausgezogen werden kann.

Es wird empfohlen, folgende elektrische Messungen im Steinkohlenbergbau anzuwenden:

a) im Deckgebirge: Widerstands- u. Potentialmessung; Mikrolog; Kalibermessung; evtl. Gammastrahlenmessung.
b) im Kohlengebirge: Widerstands- u. Potentialmessung; Gammastrahlenmessung; Bohrlochabweichung; evtl. Mikrolog und Stratamessung.

III. Eine sehr wichtige Schürfmethode ist die Seismik. Man erzeugt durch Sprengung künstliche Erderschütterungen und beobachtet den Verlauf der Erschütterungswellen. Unterschieden wird Reflexions- und Refraktionsseismik. Im Steinkohlenbergbau kommt im allgemeinen nur erstere in Betracht. Das Verfahren wird dargestellt.

Dicht an der Erdoberfläche, aber im Grundwasser, wird eine Sprengung ausgelöst. Entstehende Wellen breiten sich in gleichartigem Gestein gleichmäßig aus. Treffen sie auf Gestein mit anderer Schallhärte, wird ein Teil der Energie an der Oberfläche der Schicht reflektiert; der Rest geht weiter. Die reflektierten Wellen werden an der Erdoberfläche durch Geophone aufgenommen und registriert. Der Rest der Explosionsenergie eilt durch das Gestein weiter bis zu neuen Schichtgrenzen, an denen sich obiger Vorgang wiederholt. Nun ist nicht ein, sondern eine ganze Reihe von Geophonen aufgestellt, so daß an mehreren Stellen zugleich gemessen werden kann. Bei ungestörten Gesteinsschichten erfolgt die Reflexion an allen Auftreffstellen in gleichem Niveau. Liegen Verwerfungen oder Störungen vor, werden die Wellen im höher gelegenen Teil früher reflektiert als im tieferen. Auf diese Weise lassen sich Störungen und die Neigung der Schichten ermitteln. Auch die Laufzeiten der Wellen werden festgestellt. Um ihre Geschwindigkeit zu ermitteln, wurde in jüngster Zeit ein besonderes Verfahren, das „Acousticlog", entwickelt, das die elektrischen Bohrlochmessungen wertvoll ergänzt.

Friedrich Kurth

Autorenkollektiv

Radiometrische Verfahren zur Erkundung und Erschließung von Uranerzen

(Radiometričeskie metody poiskov i razvedki uranovych rud.) 610 S., 196 Abb., 61 Tab., 171 Literaturangaben. Gosgeoltechisdat, Moskau 1957 — 24,35 Rubel

In russischer Sprache sind in letzter Zeit neben Zeitschriftenaufsätzen einige Bücher erschienen, die sich mit den geophysikalischen Verfahren der Prospektion auf Uranerze befassen. Erinnert sei an die „Radiometrie" von Baranow, in der den eigentlichen Prospektionsverfahren noch nicht viel Platz eingeräumt wird, und an das kurzgefaßte Buch „Erkundung von Uranlagerstätten" von Melkow und Puchalskij. Jetzt liegt mit den „Radiometrischen Verfahren" ein Werk vor, das sich sowohl durch den größeren Umfang als auch durch die Fülle des Inhaltes vor seinen Vorgängern auszeichnet. Das Buch ist vom Ministerium für Geologie der UdSSR herausgegeben und von einer größeren Gruppe sowjetischer Geophysiker (darunter Gorschkow, Grammakow, Nikonow, Puchalskij, Tafejew, Baranow) verfaßt worden.

Im ersten Teil des Buches (170 Seiten) werden die physikalischen und geologischen Grundlagen der radiometrischen Prospektionsverfahren dargestellt. Nach einleitenden Abschnitten über das Wesen der natürlichen Radioaktivität und die natürlichen radioaktiven Elemente und Familien sowie die Kernstrahlungen und ihre Wechselwirkung mit der Materie folgen Ausführungen über Radioaktivität der Erdkruste und Geochemie des Urans und Thoriums. Der zweite Teil (150 Seiten) behandelt die Meßmethoden und Geräte. Die Ionisationsmethode, die Möglichkeiten der Messung von Ionisationsströmen, die Impulsverfahren und die wichtigsten elektronischen Schaltungen werden in ihren Grundzügen erörtert. Besonderes Interesse verdient der Abschnitt über Feld- und Laborradiometer, in dem eine Anzahl sowjetischer Geräte eingehend beschrieben wird. Der Genauigkeit und der Bearbeitung von Strahlungsmessungen ist ein besonderes Kapitel gewidmet. Die verschiedenen Verfahren der radiometrischen Analyse werden unter einheitlichen Gesichtspunkten dargestellt. Die in der Praxis angewandten Methoden der Erkundung und Erschließung von Lagerstätten bilden den Gegenstand des dritten Teiles (220 Seiten). Er enthält ausgezeichnete methodische Beschreibungen von der Luft- und Boden-Gamma-Aufnahme, Emanationsaufnahme, uranometrischen Aufnahme, Gamma-Bohrlochmessung und der radiometrischen Probenahme von Uranerzen in situ. Dabei muß hervorgehoben werden, daß sowohl die Meßtechnik als auch die Interpretation der Messungen stellenweise erstmalig in Einzelheiten geschildert werden, weshalb dieser Teil des Buches uneingeschränkte Aufmerksamkeit beanspruchen darf. Im letzten, vierten Teil (50 Seiten) werden an Hand praktischer Beispiele die wichtigsten Fragen der kombinierten Anwendung geophysikalischer Verfahren unter verschiedenen Bedingungen und in den verschiedenen Stadien der geologischen Untersuchungsarbeit behandelt. Die zahlreichen im Text eingeschalteten Tabellen bieten die für den Praktiker notwendigen Zahlenangaben und machen das Buch zu einem brauchbaren Nachschlagewerk.

Zusammenfassend kann gesagt werden, daß in dem vorliegenden Werk erstmalig direkte Methoden der Prospektion auf Uranlagerstätten systematisch und eingehend beschrieben werden.

Da in der DDR ein großes und begründetes Interesse an diesem Zweig der Geophysik besteht und außerdem in der internationalen Literatur gegenwärtig kein ähnliches Werk vorhanden ist, erscheint es gerechtfertigt, den Wunsch nach einer deutschen Übersetzung dieses gelungenen Buches auszusprechen.

K. Köhler

SCHNITZER, W. A.

Die Lithologie und Paläogeographie des Buntsandsteins am Westrand der Böhmischen Masse

Erlanger geol. Abh., H. 24, 130 S., 3 Taf., Erlangen 1957

Im Mittelpunkt dieser umfangreichen Arbeit stehen Schwer- und Leichtmineraluntersuchungen des oberfränkisch-oberpfälzischen Buntsandsteins, die zusammen mit Geröllanalysen und Schrägschichtungsmessungen sowie den Mächtigkeitsverhältnissen des Buntsandsteins paläogeographisch ausgewertet werden unter besonderer Berücksichtigung der Frage nach der Grenze des Sedimentationsraumes in Ostbayern und der Gesteinsarten der Detritusliefergebiete sowie ihrer geographischen Lage.

Auf Grund der Schwer- und Leichtmineraluntersuchungen (Quarz-Feldspatanteil) in der Fraktion 0,25—0,1 mm und der Bestimmung der Quarzkornfarben (Fraktion 2—1 mm) lassen sich im oberfränkischen, mittelfränkischen und oberpfälzischen Buntsandstein sechzehn verschieden große und sich randlich verzahnende Sedimentfächer nachweisen, wobei sich der bedeutendste Fächer von Kemnath in der Oberpfalz bis Gersfeld in der Rhön erstreckt.

Diese Sedimentfächer entstammen sechzehn verschiedenen Liefergebieten, da weder eine Transportauslese, noch eine Verwitterungsausmerzung die heutigen Unterschiede zwischen den einzelnen Mineralprovinzen geschaffen hat. Zehn der Detritusliefergebiete bestehen aus Eruptivgesteinen, drei aus metamorphen Gesteinen und fünf aus gemischten Gesteinskomplexen.

Als wahrscheinliche Liefergebiete des Buntsandsteinbeckens werden angenommen: Granite des Erzgebirges und vielleicht des Kaiserwaldes; porphyrische Granite und Porphyre im Raum Marienbad—Märing—Plan—Tachau und östlich davon; Granite im Raum Flossenburg—Haid—Neustadt; Granite des vorderen Bayrischen Waldes; Granite und kristalline Schiefer des Vindelicischen Landes.

Aus den mittleren Korndurchmessern der Sedimente und dem Abrollungsgrad der Quarze im Kulmbacher Konglomerat läßt sich als mutmaßlicher Rand des Buntsandstein-Sedimentationsraumes die Linie Eibenstocker Massiv über Eger nach Süden zur Naabschwelle konstruieren (Abb. 1).

Die im Untersuchungsgebiet auftretenden Gerölle werden folgendermaßen gedeutet: die Nichtquarz-Gerölle stammen von insel- und klippenartigen Aufragungen des varistischen Untergrundes im Sedimentationsraum, die Quarzgerölle mit

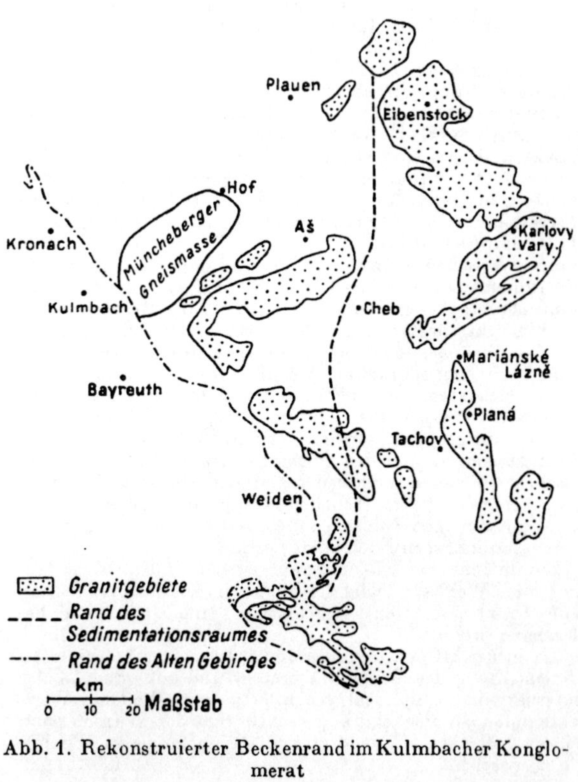

Abb. 1. Rekonstruierter Beckenrand im Kulmbacher Konglomerat

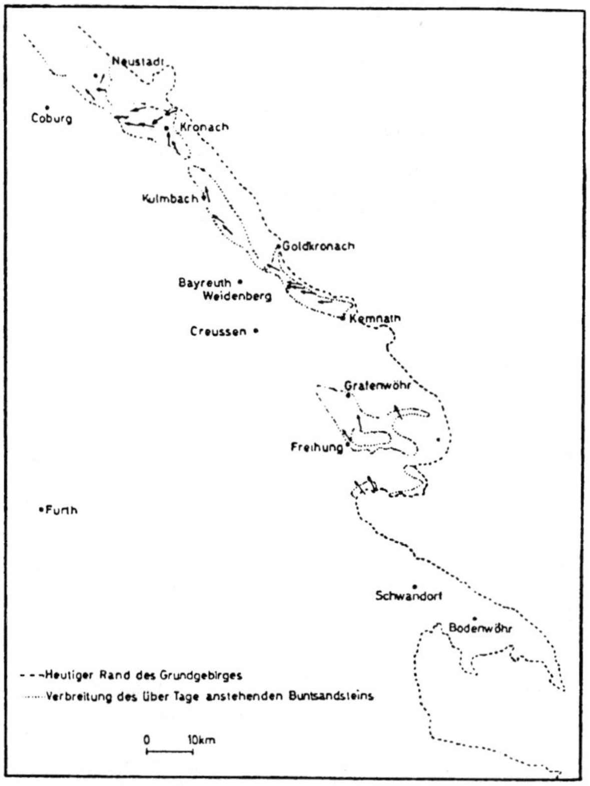

Abb. 2. Schüttungsrichtungen im Kulmbacher Konglomerat und im Höheren Hauptbuntsandstein

dem ± feinklastischen Detritus von weiter entfernt liegenden Liefergebieten.

Aus den Karten mit den Mächtigkeitskurven für die Unterabteilungen des Buntsandsteins geht hervor, daß im Hauptbuntsandstein die bedeutendsten epirogenen Bewegungen vor sich gegangen sind. So lassen sich allein im Kulmbacher Konglomerat fünf Zyklen nachweisen.

Die sich aus den Schrägschichtungsmessungen ergebenden Transportrichtungen sind in Abb. 2 dargestellt. Auffällig ist das Vorherrschen herzynischer Richtungen.

Als ein weiteres wichtiges Ergebnis der Arbeit mag noch der Nachweis, daß einzelne saxonische Bruchlinien bereits im Buntsandstein bemerkbar sind, angeführt werden.

G. LUDWIG

FABIAN, H.-J.

Die Zechsteinprofile im Gebiet Barnstorf-Diepholz-Rehden-Wagenfeld

Fazielle Eigenheiten der Staßfurtserie

Erdöl und Kohle, 10. Jg., Nov. 1957, Nr. 11, S. 741 bis 747

Das an der Spitze der westdeutschen Erdgaslagerstätten stehende Gebiet von Rehden-Wagenfeld fördert aus dem Hauptdolomit des Zechsteins.

Im Verlaufe seiner Erschließung wurde eine Anzahl von Bohrprofilen des Zechsteins bekannt, die in einigen Fällen sogar vollständig bis zum Karbon vorliegen und teilweise recht widerspruchsvollen Charakter trugen. Es ist das Verdienst des Verfassers, durch eine Gesamtauswertung des vorliegenden Materials nach den neuesten Gesichtspunkten und vergleichende Betrachtung der Profile zu einer nicht unwesentlichen Vereinfachung der geologischen Verhältnisse gelangt zu sein.

Ausgehend von dem ursprünglichen schwer deutbaren Profil der Bohrung Wagenfeld 1 — von E. KOCH und J. WOHLBURG bearbeitet, vor fast 2 Jahren von E. KRZYWICKI umgedeutet und schließlich vom Verfasser erneut bearbeitet — ergab sich beim Vergleich mit anderen Bohrergebnissen die Erkenntnis, daß die Häufung roter Salztone im Zechstein 2 (Staßfurtserie) eine fazielle Eigenart des Gebietes, bedingt durch Landnähe, ist.

Zur Beweisführung werden zusätzlich chemische und kristalloptische Analysen sowie Diagramme der γ-Strahlung herangezogen. Der Verfasser kommt also zu dem Schluß, daß rote Salztone in dem behandelten Gebiet nicht zwangsläufig auf Zechstein 4 hindeuten, sondern eine fazielle Besonderheit des Zechsteins 2 im Gebiet Barnstorf-Diepholz-Rehden-Wagenfeld darstellen.

Das Erkennen der Verhältnisse wird durch eine komplizierte Tektonik stark beeinflußt, so daß nur mit Mühe aus der Vielzahl der Bohrungen ein Normalprofil zusammengestellt werden kann.

Über dem liegenden Oberkarbon beginnt der Zechstein 1 gelegentlich mit einem Fanglomerat aufgearbeiteten Oberkarbons mit typischen eckig-scherbigen Eruptionsgesteinsbrocken (vermutlich Rotliegendalter), das dem Zechsteinkonglomerat entsprechen dürfte. Darüber folgt über dem 6 m mächtigen pelitisch-karbonatischen Fuß des Kupferschiefers und des Zechsteinkalkes nur ein einziger Werra-Anhydrit ohne eingeschaltete chloridische Phase mit einer Mächtigkeit von 115 bis 155 m. Werra-Steinsalz ist erst aus dem Raume östlich Quakenbrück bekannt.

Der darüber folgende Zechstein 2 beginnt mit dem 20 bis 45 m in der Mächtigkeit schwankenden Hauptdolomit. Durch seine partienweise gute Porosität und Klüftigkeit bedingt, stellt er einen ausgezeichneten Gasspeicher mit wirtschaftlicher Bedeutung dar. Nach oben schließt sich der 30 bis 35 m mächtige Basal-Anhydrit an, der im unteren Teil noch dolomitisch ist, im oberen Teil eine typische Steinsalzverwachsung, ähnlich dem Pegmatit-Anhydrit des Zechsteins 4, zeigt. Für die Parallelisierung der Profile ist im oberen Teil des Basal-Anhydrits ein durch Polyhalitführung ausgezeichneter Bereich, der sich durch erhöhte γ-Strahlung bemerkbar macht, wichtig. Das darüber folgende grobkörnige Steinsalz 2 ist ein kieseritisches, manchmal auch anhydritisches Steinsalz von überwiegend schmutzig-grauer Farbe. Die im höheren Teil vorkommenden rötlichgrauen oder braungrauen Farben des Salzes, verbunden mit dem Auftreten roter Tonbröckchen, Lagen von rotem Salzton, tonigem Schluffsand, z. T. von Anhydrit und Dolomit begleitet, waren die anfangs erwähnte Ursache für eine falsche stratigraphische Einstufung dieser faziell in dem behandelten Gebiet besonders ausgebildeten Abfolge des Zechsteins 2. Nahe der Oberkante des etwa 600 m mächtigen Zechsteins 2 liegt das nicht überall nachweisbare vertaubte Staßfurtflöz.

Als Ursache der Mächtigkeitsschwankungen werden tektonische Bewegungen und Salzwanderungen angenommen, doch dürften auch teilweise primäre Mächtigkeitsunterschiede bestanden haben.

Über dem nicht überall vorhandenen Deckanhydrit beginnt der 3. Zyklus entweder mit dem etwa 4 m mächtigen Grauen Salzton oder sofort mit dem maximal 50 m mächtigen Hauptanhydrit. Das Steinsalz 3 der Leineserie (Mächtigkeit maximal 110 m) spielt nur eine untergeordnete Rolle. Die Abscheidungsfolge der Allerserie konnte bisher nur in 2 Bohrungen mit 12 bzw. 13 m Mächtigkeit nachgewiesen werden. Es handelt sich um Roten Salzton, Pegmatitanhydrit und Steinsalz.

Der Verfasser schließt mit einem kurzen Hinweis auf die aus den Profilen abzuleitenden päläogeographischen Gesichtspunkte und hebt besonders das Fehlen des Plattendolomites und die Ausbildung von Hauptdolomit im Raume Barnstorf-Diepholz-Rehden-Wagenfeld als wirtschaftlich wichtige Faktoren hervor.

In einem Nachsatz beantwortet der Verfasser die Frage, ob der Buntsandstein transgressiv über verschiedene Zechsteinglieder lagert, oder ob es sich um einen tektonischen Kontakt handelt, dahingehend, daß eine normale Überlagerung anzunehmen sei. H. Knape

The Search for and Exploitation of Crude Oil and Natural Gas in the OEEC-Area

Published by the Organisation for European Economic Cooperation. Paris 1957. 80 S., m. einer mehrfarb. erdölgeologischen Karte von Europa, Maßstab 1:2500000 (3teilig). Preis 10 $. (Vertrieb in der Bundesrepublik: Deutscher Bundes-Verlag GmbH, Bonn.)

Der von der Organisation for European Economic Cooperation (OEEC) veröffentlichte Bericht[1]) gibt erstmalig eine Bestandsaufnahme über die Ergebnisse der Erdöl- und Erdgaserschließung in den OEEC-Mitgliedsländern zuzüglich der Jugoslawiens und der der Türkei. Es werden kurz zusammengefaßte Übersichten über den Stand der Erkundungsarbeiten in Österreich, Frankreich, der DBR, Italien, Niederlande, Großbritannien, Türkei und Jugoslawien gegeben. In einer mehrfarbigen geologischen Übersichtskarte wird der Höffigkeitsgrad der einzelnen Sedimentärbecken dargestellt. So wird ein umfassendes Bild von den aufgefundenen Erdöl- und Erdgasvorkommen der wichtigsten Strukturen und den nach ihrer Höffigkeit klassifizierten sedimentären Ablagerungen gegeben.

Der Bericht zeichnet sich durch einen Optimismus aus, der bisher in der Geschichte der Erdölerkundung Westeuropas unbekannt war. Dieser Optimismus wird noch dadurch unterstrichen, daß der Erdöl-Ausschuß der OEEC Anfang d. J. seinen Mitgliederstaaten vorschlug, die Suche nach Erdöl und Erdgas auf dem europäischen Kontinent und in Großbritannien erheblich zu verstärken. Der Bericht gibt eine zwar gedrängte, aber in dieser gedrängten Form ausgezeichnete Übersicht über die Ergebnisse der Erdöl- und Erdgas-Forschung und -Erkundung bis Ende 1957, so daß sein eingehendes Studium jedem Erdöl-Geologen der Deutschen Demokratischen Republik empfohlen werden kann. E.

[1]) Vgl. Z. angew. Geol., H. 7, S. 352.

Grahmann, R.

Die Grundwässer in der Bundesrepublik Deutschland und ihre Nutzung

Mit einem Beitrag über die kleinsten Abflußspenden von Walter Wundt

Forschungen zur Deutschen Landeskunde, Bd. 105. Im Selbstverlag der Bundesanstalt für Landeskunde, Remagen/Rhein, 1958. 198 S., 48 Textbilder, 3 Taf. und 2 Karten 1:1000000

In den Jahren 1951 bis 1957 wurde unter Leitung von Prof. Dr. Grahmann von einem Hydrogeologischen Arbeitskreis beim Bundesministerium für Wirtschaft eine Hydrogeologische Übersichtskarte der deutschen Bundesrepublik i. M. 1:500000 in 14 Blättern mit Erläuterungen bearbeitet; beteiligt waren daran mehr als 43 Autoren, überwiegend Staatsgeologen, ferner 3 Geographen, 5 Hydrologen, 3 Meteorologen und ein Chemiker. Die Erläuterungen zu den 14 Blättern haben insgesamt einen Umfang von mehr als 1500 Seiten mit 132 Textbildern, mehr als 200 Tabellen, zahlreichen hydrogeologischen Schichtenverzeichnissen und vielen Grundwasseranalysen, dazu 16 Tafeln und mehrere Sonderkarten. Von mehr als 4500 Ortschaften wurden die Art und der Umfang der Wasserversorgung beschrieben. Dieses Kartenwerk ermöglicht es, sich rasch über die Grundwasserverhältnisse und die Möglichkeiten der Wasserversorgung in jedem Teil der Bundesrepublik Deutschlands zu unterrichten.

Da sich die Bearbeitung und der Druck der Karten über einen Zeitraum von 6 Jahren hinzog und verschiedene Druckereien am Kartendruck beteiligt waren, ließen sich gewisse Uneinheitlichkeiten nicht vermeiden, die allerdings der Benutzung nicht hinderlich sind. Es bestand aber trotzdem der Wunsch nach einer Karte, die in allen ihren Teilen aus einem Guß besteht und die das ganze Bundesgebiet auf einem einzigen Blatt darstellt. Dazu wurde von Grahmann die Grundwasserkarte der Bundesrepublik Deutschland im Maßstab 1:1000000 entworfen. Sie ist dem von R. Grahmann verfaßten, im Titel zitierten zusammenfassenden Werk beigegeben, das den Teil II der Schriftenreihe „Das Wasserdargebot in der Bundesrepublik Deutschland" bildet.

Die neue Karte Grahmanns i. M. 1:1000000 beruht auf den obengenannten Übersichtskarten 1:500000 und ist wie diese eine Höffigkeitskarte, die gleichzeitig das Gestein der Grundwasserleiter darstellt. Die Zahl der Höffigkeitsstufen und der ausgeschiedenen Gesteinsarten wurde etwas vermindert. Die Gesteinsraster wurden nicht wieder als grauer Unterdruck gebracht, sondern jeweils in der für die betreffende Kartenfläche geltenden Höffigkeitsfarbe wiedergegeben. Infolgedessen kann man mit einem Blicke die Verbreitung grundwasserreicher und grundwasserärmerer Gebiete feststellen. Aus den Rastern kann man dann die Art der Grundwasserleiter erkennen. Gleichzeitig gibt die Karte Hinweise auf das Vorkommen weicher und harter, huminsaurer und versalzener oder brackischer Grundwässer. Im Oberrheintalgraben zwischen Basel und der Mainmündung, ferner am Niederrhein und in der oberbayrischen Schotterebene konnte die Tiefenlage der Grundwasseroberfläche durch Isolinien in Fünf- oder Zehnmeterabständen gegeben werden. Die Darstellung tieferer Grundwasserstockwerke mußte, um die Lesbarkeit der Karte nicht zu gefährden, auf einige besondere Fälle beschränkt werden. Von den Güteeigenschaften der Grundwässer wurden versalzene Wässer (in der Umgebung permischer Salzstöcke und in mesozoischen Gebieten) und brackische Wässer (im Küstengebiet) sowie saure Wässer (durch Huminsäuren aus Torfmooren) angegeben. Bei der Darstellung der Mineralwässer werden unterschieden: Chloridwässer und Solen, Sulfatwässer, Hydrogenkarbonatwässer, Säuerlinge und Mofetten, Gehalt an Arsen, Eisen, Jod, Radium, Schwefel, Thermen.

Um die dauernd verfügbaren Grundwassermengen in der Karte zum Ausdruck zu bringen, wurden die Durchschnittswerte der monatlichen Kleinstabflußmengen durch Isolinien wiedergegeben. Als Maß für die verfügbaren Grundwassermengen wird die Kleinstwasserführung der Flüsse herangezogen. W. WUNDT, Freiburg i. Br., bearbeitete dazu eine Karte 1 : 1000000 der Mittleren Kleinst-Abflußspende im Sommer, die in den außeralpinen Gebieten zugleich ein Maß für den Mindestwert des jährlichen Grundwasserabflusses abgibt. Aus dieser Kartenbeilage ist auch das Höhenrelief des Bundesgebietes zu ersehen.

Im Textband behandelt GRAHMANN nach einer Schilderung des Grundwassers im Rahmen des Wasserhaushalts und als Bestandteil des Untergrundes sowie nach Erörterungen über die Arten und die Bedeutung von Grundwasserkarten die Arbeiten des Hydrogeologischen Arbeitskreises und die Hydrogeologischen Übersichtskarten, wie sie oben geschildert wurden. Nach einer kurzen Übersicht der Gesteine als Wasserleiter und einem Überblick der Erdgeschichte Deutschlands werden im Hauptteil des Buches die einzelnen Grundwasserlandschaften in der Bundesrepublik geschildert. Hydrogeologische Skizzen und Querschnitte, schematische Schichtenfolgen mit Angabe der wichtigsten hydrogeologischen Verhältnisse u. a. m. ergänzen die textliche Darstellung.

Zum Schluß gibt GRAHMANN Hinweise auf den gegenwärtigen Wasserverbrauch durch Industrie und Bevölkerung und einen Ausblick auf die weiterhin zu erwartenden Änderungen in der Ausnutzung der Grundwässer. Von der Gefahr einer „Versteppung" Deutschlands wegen Grundwassermangel zu sprechen, ist nach seinem Dafürhalten gänzlich unbegründet. Wir sind heute „in der Lage, eine Bewirtschaftung der uns zur Verfügung stehenden Wässer so zu gestalten, daß bleibende Störungen im Wasserhaushalt vermieden werden und eine ausreichende Versorgung auf die Dauer gesichert ist". Selbstverständlich ist aber eine pflegliche Bewirtschaftung der Grundwasservorräte unbedingt notwendig. Ebenso ist eine Abwasserreinigung und die Reinerhaltung der Flüsse ein dringendes Gebot aller Wasserwirtschaft. Schließlich spricht sich GRAHMANN auch dafür aus, das Grundwasser zum Allgemeinbesitz zu erklären und die freie Entnahme durch den Grundeigentümer auf eine bestimmte Menge zu beschränken.

Das Buch GRAHMANNs stellt für jeden, der mit Grundwasser zu tun hat, schon wegen der methodischen Behandlung des Stoffes in Text und Karte eine Fundgrube dar. Es ist mit der vom Verfasser auch sonst bekannten meisterhaften Beherrschung und Klarheit des Ausdrucks geschrieben.

PIETZSCH

WUNDT, W.

Die mittleren Abflußhöhen und Abflußspenden des Sommers, des Winters und des Jahres in der Bundesrepublik Deutschland

Forschungen zur Deutschen Landeskunde, Bd. 105, Selbstverlag der Bundesanstalt für Landeskunde, Remagen/Rhein, 1958. 20 S., 6 Karten 1 : 2000000

Als Teil III der Schriftenreihe „Das Wasserdargebot in der Bundesrepublik Deutschland" hat Prof. Dr. W. WUNDT die im Titel genannten Abflußkarten bearbeitet. Sie ergänzen das Buch von R. GRAHMANN über die Grundwässer (im vorstehenden besprochen). Der oberirdische Abfluß der Niederschläge ist streng genommen vom unterirdischen Abfluß aus dem Grundwasser nicht scharf zu trennen. Als geeignetes Maß für die Höhe des Jahres- und des Halbjahresabflusses müßte, besonders wegen der Vergleichbarkeit mit den Niederschlagskarten, die Zahl der Millimeter dienen, die im Laufe des Jahres oder Halbjahres abfließen. Nun hat sich aber dafür der Begriff der „Abflußspende" eingebürgert, d. h. die Zahl der Liter, die von einem Quadratkilometer in einer Sekunde abfließen; auf diesen Wert sind die vorliegenden Karten berechnet. Dazu ist zu bemerken, daß einer Spende von 1 l/s/km² eine jährliche Abflußhöhe von 31,56 mm entspricht. Im allgemeinen liegt der Hauptabfluß in den Wintermonaten (1. November bis 30. April), während im Sommerhalbjahr (1. Mai bis 31. Oktober) der Abfluß geringer ist. Abweichend sind die Abflußverhältnisse im Hochgebirge, wo im Winter die Niederschläge als Schnee fallen und erst im Sommerhalbjahr mit den Schmelzwässern der Gletscher und den aus dem Regen herrührenden Abflüssen zur Geltung kommen. Teilweise macht sich das auch im Alpenvorland geltend.

PIETZSCH

KALÄHNE, H.

Über die Hydrogeologie der Querfurt-Freyburg-Naumburger Muschelkalkmulde

Besondere Mitteilungen zum Deutschen Gewässerkundlichen Jahrbuch Nr. 18, 41 S. mit 12 Abb. und 13 Anlagen. Akademie-Verlag Berlin 1957, 15.— DM

Die Arbeit gliedert sich in zwei Teile. Im ersten wird einleitend die Schichtenfolge vom Rotliegenden bis zum Holozän kurz beschrieben. Lediglich der Mittlere Buntsandstein erfährt wegen seiner Bedeutung als hauptsächlicher Wasserträger des tieferen Untergrundes eine detailliertere Besprechung. Fußend auf den Arbeiten von E. WUEST (1907) und F. LOTZE (1944) werden im sm 5 Zyklen — jeweils sandig-tonig — unterschieden. Das ist von stratigraphischer Bedeutung, da sich die im Raume Hannover von H. BOIGK (1956) neu aufgestellte sm-Gliederung danach anscheinend in gleicher oder ähnlicher Weise im Untersuchungsgebiet durchführen läßt, wie auch überhaupt im gesamten Südharzbezirk nach den Untersuchungen von W. HOPPE (1957) auf Bl. Sondershausen und Beobachtungen des Ref. auf den Blättern Frankenhausen, Artern und Ziegelroda analoge Verhältnisse vorzuliegen scheinen. Eine zusammenfassende Untersuchung des sm ist — da sie auch praktischen Belangen dienen würde — dringend notwendig.

Anschließend an die stratigraphische Beschreibung werden kurz die einzelnen Grundwasserstockwerke und -spiegel, die spezifische Ergiebigkeit sowie deren Schwankungen innerhalb der einzelnen Horizonte behandelt. Dem Chemismus der Wässer — ausgedrückt in der Gesamthärte (°DH) und dem Chloridrest — wird etwas mehr Raum eingeräumt. Zur Untersuchung haben 419 Analysen zur Verfügung gestanden, deren Werte auf 6 Abbildungen (für su, sm, so, ku und m, Tertiär und Pleistozän) aufgetragen und mit solchen aus Thüringen (nach W. HOPPE, 1952) und des Hohen Meißner (nach KEILHACK, 1935) zum Vergleich in Beziehung gesetzt wurden.

Der zweite Hauptteil der Arbeit beschäftigt sich mit Wasserhaushalt und Wasservorrat in der Querfurt-Freyburg-Naumburger Muschelkalkmulde, die sich für hydrogeologische Untersuchungen als günstiges Gebiet erwiesen hat. Alle Faktoren der Wasserhaushaltsgleichung werden einzeln und in ihrer Gesamtheit mit ihren Zahlenwerten untersucht. Folgende Wasserhaushaltsgleichung wurde ermittelt:

$$N = A_O + A_Q + A_h + V_O + V_{Pf} + V_h$$
$$mm\,522 = 58 + 12 + 19 + 141 + 283 + 9$$

Wie der Verf. mit Recht bemerkt, ist es besonders schwierig, den Vorrat flüssiger Bodenschätze zu berechnen. Den ermittelten Zahlen haften also naturgebunden größere Fehler an; sie sind in diesem Falle wohl nur als Orientierungswerte zu betrachten, aber dennoch sehr aufschlußreich. Vom Gesamtvolumen, das mit rd. 450 km³ ermittelt wurde, sind nur 1,43%! nutzbares Porenvolumen. Vom nutzbaren Porenvolumen enthalten 88,2% nutzbares Grundwasser (= rd. 5,650 km³), das aber nur in Höhe von 0,7% gehoben wird.

Die Arbeit ist von praktischer und lokalgeologischer Bedeutung. Das umfangreiche Literaturverzeichnis wird als angenehm empfunden.

W. JUNG

SCHULZ, G.

Färb- und Salzungsversuche an unterirdischen Wässern in Südwestdeutschland

Jahrbuch des geologischen Landesamtes in Baden-Württemberg, herausgegeben vom Geologischen Landesamt in Baden-Württemberg, August 1957. Mit Abbildungen und Tabellen

Das starke Anwachsen des Trinkwasserverbrauches in den letzten Jahren in vielen Teilen Deutschlands, spez. im südwestdeutschen Raum, veranlaßte den Verfasser zu diesen Versuchen. Wo eine mechanisch und biologisch einwandfreie Abwasserklärung durchgeführt wird, bestehen gegen eine Zuführung dieser Wässer in offene Gewässer keine Bedenken. Allerdings erfordern Kläranlagen, vor allen

Dingen bei Industriebetrieben mit in großer Menge und konzentriert anfallendem Abwasser, erhebliche finanzielle Mittel. Schwierige Probleme sieht der Verfasser besonders in den Gebieten ohne Flüsse oder Bäche, wo keine Abwasserklärung erfolgt. Dort ist der Untergrund mehr oder weniger durchlässig, und das Abwasser muß an geeigneten Stellen versickert werden.

In stark zerklüfteten Gebirgen oder im Karst, wo Gesetze, Gleichungen und Formeln aus einfacher gebauten und klarer überschbaren Gebieten nicht anwendbar sind bzw. durch die Vielzahl unbekannter Größen oder nicht ohne weiteres meßbarer Werte versagen, ist die Feststellung des Verlaufes der Fließrichtung und der Geschwindigkeit des Wassers im Untergrund daher besonders wichtig.

Der Verfasser bediente sich zur Beantwortung dieser Fragen verschiedener Methoden:

a) Färbversuche, z. B. mit Fluoreszein, Fuchsin u. a. m.,

b) Salzungen, verbunden mit chemischer bzw. Spektralanalyse,

c) Messungen der elektrischen Leitfähigkeit.

Impfungen der Wässer mit unschädlichen Bakterien sowie Versuche unter Anwendung radioaktiver Isotope wurden nicht durchgeführt.

Den größten Teil seines Artikels widmet der Verfasser ausführlichen Beschreibungen der einzelnen Versuchsergebnisse, getrennt nach den jeweiligen Untergrundverhältnissen (Buntsandstein, Muschelkalk, Keuper, Weißjura, Hangschutt, Talauen). Lagepläne sowie Diagramme einzelner Ergebnisse veranschaulichen das reichhaltige Material. Die praktischen Erfahrungen bei der Durchführung der insgesamt 137 Versuche werden eingehend beschrieben.

Neben einer großen Zahl von Bachversickerungen, Versickerungsstellen von Abwasser usw. wurden u. a. auch die Einzugsgebiete verschiedener Brunnen und Quellen, z. B. des Blautopfes und der Aachquelle (Donauversickerung) sowie einer Reihe von Wasserfällen, z. B. der Uracher Wasserfälle, untersucht. Einige Ergebnisse aus anderen Gebieten des In- und Auslandes schließen sich an.

Aus der Fülle des Materials erarbeitete der Verfasser gewisse Gesetzmäßigkeiten und Folgerungen, beispielsweise über Fließrichtungen, Einflußbreite mancher Versickerungen, bevorzugte Gerinne oder Abflußbahnen des Karst-Wasserkörpers. Es zeigt sich aber eine Vielzahl von Wechselwirkungen, die auch nach Vorlage von Ergebnissen obiger Versuche keine Vorhersagen gestatten.

Über die Fließgeschwindigkeiten ergeben sich einige Aussagen über die Verhältnisse der Minimal-, Mittel- und Maximalwerte in klüftigem und verkarstetem Untergrund. Jedoch sind in vielen Fällen noch keine hinreichenden Erklärungen für viele damit im Zusammenhang stehende Probleme zu machen.

Die ausgezeichnete Arbeit bringt viele Hinweise und Anregungen und kann bei ähnlichen Untersuchungen eine wesentliche Stütze sein. Die Folgerungen für die Trinkwasserversorgung der einzelnen untersuchten Fälle sind wesentlich, besonders in bezug auf Epidemien, z. B. Typhus, Poliomyelitis (Spinale Kinderlähmung) usw. Es werden dafür einige Beispiele angeführt. Für die lokalen geologisch-hydrologischen Probleme und praktischen Fragen sind die Ergebnisse von großem Wert. Weiterhin erscheint der Hinweis des Verfassers auf die Einleitung von Giften, wie z. B. Ölen, Benzin, Teer und sonstigen Schmutzstoffen, in den Untergrund wesentlich. Die Wichtigkeit von Kläranlagen wird eindringlich festgestellt.

Zusammenfassend kann gesagt werden, daß die vorliegende Arbeit nicht nur für Geologen, die sich mit diesen Dingen beschäftigen, wichtig ist, sondern auch für Hygieniker und Wasserwirtschaftler. Das beiliegende Literaturverzeichnis unterstreicht diese Feststellung.

HELMUT KUPKE

Fünfzig Jahre Emschergenossenschaft, 1906—1956

Im Auftrag des Vorstandes herausgegeben von Baudirektor Dr.-Ing. Dr.-Ing. E. h. RAMSHORN
Selbstverlag der Emschergenossenschaft, Essen 1957.
457 S. mit zahlreichen Abb., gebunden, Format 21 × 29cm

Am 1. September 1906 nahm die 1904 durch Gesetzeserlaß ins Leben gerufene „*Emschergenossenschaft*" ihre Tätigkeit auf. Ihr wurde die wichtige Aufgabe zuteil, die in dem dicht besiedelten Emschergebiet durch den Kohlenbergbau und seiner Nebenindustrien hervorgerufenen unhaltbaren Abfluß- und Abwasserverhältnisse entscheidend zu verbessern und zu sanieren.

Die Emschergenossenschaft hat die ihr gestellte Aufgabe in den verflossenen 50 Jahren ihres Bestehens in vorbildlichster Weise erfüllt. Durch ihre Forschungsarbeiten, Neuentwicklungen und umfangreichen Baumaßnahmen hat die Emschergenossenschaft auch wesentlich zur allgemeinen Entwicklung der neuzeitlichen Abwasser-Wissenschaft und Abwasser-Technik beigetragen. Sie gilt mit Recht als Bahnbrecher auf dem Gebiet des Abwasserwesens.

Aus Anlaß des 50jährigen Bestehens der Emschergenossenschaft im Jahre 1956 hat ihr derzeitiger technischer Leiter, Baudirektor Dr.-Ing. Dr.-Ing. E. h. Alexander RAMSHORN, im Zusammenwirken mit mehreren Mitarbeitern das vorliegende bedeutsame Jubiläumswerk geschaffen. Diese Neuerscheinung ist nicht nur für alle Abwasser-Spezialisten von unschätzbarem Wert, es verdient vielmehr auch in weitesten Kreisen derjenigen Geologen und Bergfachleute, die sich mit Abwasserfragen ihrer Werke beschäftigen müssen, größte Beachtung.

Das heute rund 850 km² große Emschergebiet war von Natur aus flaches Bruchland mit ungünstigen Vorflutverhältnissen. Die Emscher und ihre Nebenbäche zogen in vielen Windungen träge durch die Niederungen dahin und verursachten oft Überschwemmungen. Als sich nach 1860 hier der Kohlenbergbau zu entwickeln begann, verschlechterten sich die Abflußverhältnisse noch erheblich. Durch den Abbau der Kohle traten an vielen Stellen Bodensenkungen auf, die jährlich im Durchschnitt 6 cm — in Einzelfällen sogar bis 60 cm — betragen.

Zur Verbesserung der Abflußverhältnisse wurde bis Ende 1956 der ursprünglich 109 km lange Emscherlauf von Holzwickede bis zum Rhein auf 81,5 km begradigt und verkürzt. Die Gesamtlänge der regulierten Nebenbäche beziffert sich zur Zeit auf 300 km.

Besonders groß sind auch die Leistungen der Emschergenossenschaft auf dem Gebiet der industriellen und städtischen Abwasserreinigung. In aller Welt bekannt ist der von Dr.-Ing. IMHOFF für die mechanische Abwasserreinigung entwickelte „Emscherbrunnen". Von größter Bedeutung sind ferner u. a. die auf den Kokereien errichteten Entphenolungs-Anlagen — zur Zeit 20 an der Zahl. In diesen Anlagen des Emschergebietes werden gegenwärtig von den etwa 10000 jato anfallenden schädlichen Phenolen rund 7500 jato zurückgehalten und verwertet.

Aus dem Jubiläums-Werk werden den Geologen und Bergfachmann besonders die Beiträge „Die Emschergenossenschaft" von Baudirektor Dr. Dr. RAMSHORN, „Die Abwasserreinigung im Emschergebiet" von Dezernent Dr.- Ing. E. h. WIEGMANN und der „Beitrag der Emschergenossenschaft zur Erforschung der Bodenbewegungsvorgänge im rechtsrheinischen Bergbaugebiet" von den Obermarkscheidern KEINHORST und KAMP interessieren.

Das hervorragend ausgestattete, bedeutungsvolle und sehr instruktive Jubiläums-Werk stellt ein Standardwerk auf dem Gebiete der neuzeitlichen Vorflut- und Klärtechnik dar.

VIEWEG

STRELL, M.
Wasser und Abwasser — Reinhaltung der Gewässer

R. Oldenbourg-Verlag, München. 1955, 352 S., 296 Abb., Gr.-8°, Leinen DM 42,—

Der durch seine langjährige Lehrtätigkeit an der Münchener Technischen Hochschule und seine wissenschaftlich-praktische Mitarbeit in der Bayrischen Biologischen Versuchsanstalt in München weit bekannte Verfasser hat im vorliegenden Werk einen Leitfaden für das Gebiet der Wasserversorgung und Abwasserreinigung sowie die Probleme der Reinhaltung der Gewässer geschaffen, das eine ausgezeichnete Einführung in dieses Gebiet der Wasserwirtschaft gibt. Dieses Buch soll den Studierenden Helfer bei ihrer Berufsausbildung sein, gleichzeitig aber auch den bereits mitten im Schaffen stehenden Wasserwirtschaftlern, Hygienikern, Amtsärzten, Biologen und Geologen — also allen, die in ihrem Beruf irgendwie mit Fragen des Wassers oder Abwassers in Berührung kommen — ein unentbehrlicher Ratgeber sein.

Für den Hydrogeologen und Bergingenieur besonders interessant und aufschlußreich sind die Abschnitte über die Erschließung von Wasser aus Quellen, Grundwasser- und Oberflächenwasservorkommen, ferner durch Uferfiltration und künstliche Erzeugung von Grundwasser, weiterhin die

Darstellung der verschiedenen Entphenolungs-Verfahren zur Behandlung der Abwässer aus Steinkohlen- und Braunkohlen-Schwelereien, Hydrierwerken usw. nach den Extraktions-, Phenosolvan- und Dampfumlauf-Verfahren sowie nach dem Entphenolungs-Verfahren mit Aktivkohle.

Zahlreiche mustergültige Abbildungen erleichtern das Verständnis des hervorragenden, bestens ausgestatteten Werkes, das zweifellos große Beachtung und Verbreitung finden wird. VIEWEG

THIEM, G.

Art, Sinn und Zweck der Grundwasserforschung

ACTA HYDROPHYSICA, herausgegeben im Auftrag der Deutschen Akademie der Wissenschaften zu Berlin — Institut für physikalische Hydrographie von H. ERTEL und J. FISCHER, B. IV, H. 4 — Akademie-Verlag, Berlin 1958, 26 S., 15 × 21 cm, broschiert 6,30 DM

Der im In- und Ausland auf dem Gebiete der Hydrologie bekannte Verfasser gibt in der vorliegenden Broschüre einen Ausschnitt aus seiner weitverzweigten Forschungstätigkeit.

In mehreren Teilabschnitten werden behandelt die geschichtliche Entwicklung der Grundwasserforschung, die Entstehung und das Vorkommen von Grundwasser in der Natur, die Urstromtäler in ihrer Bedeutung als besonders wichtige Grundwasserträger, die Aufstellung von Grundwasser-Höhenschichtenplänen, die Erzeugung künstlichen Grundwassers, die mathematischen Gleichungen für die Ergiebigkeit von Grundwasserfassungen sowie das in fast allen europäischen Staaten und auch in Nordamerika zur Anwendung kommende Thiemsche Epsilon-Verfahren.

Den Abschluß der Broschüre bildet ein Hinweis auf die hydrologische Literatur. Angeführt wird auch ein Teil der mehr als 200 wissenschaftlichen Abhandlungen, die Thiem während seiner nahezu 60jährigen Forschertätigkeit auf dem Gebiete der Hydrologie bisher veröffentlicht hat.

Diese Broschüre wird für alle, die am Grundwasser interessiert sind — Wasserwirtschaftler, Hydrogeologen, Hygieniker, Verwaltungsangestellte und Studierende des Wasserfaches — von Wert sein. VIEWEG

MUHS, H.

Die Prüfung des Baugrundes und der Böden

Feldversuche, Laboratoriumsversuche, Anwendung in der Praxis, Springer-Verlag Berlin/Göttingen/Heidelberg 1957. Sonderdruck aus dem Handbuch der Werkstoffprüfung, 2. Aufl., B. III: Die Prüfung nichtmetallischer Baustoffe Kapitel XXIII, 173 S., 177 Abb., Literaturverzeichnis.

Die noch verhältnismäßig kurzgefaßte Schrift bringt alle modernen Feld- und Laboratoriumsversuche, die im In- und Ausland als Standardmethoden zur Untersuchung des Bodens als Baugrund angesehen werden können. Die besonders in den neuen DIN-Blättern 4021, 4022 und 4023 erarbeiteten Richtlinien für die Entnahme von Bodenproben, die Benennung der Bodenarten und die zeichnerische Darstellung der Ergebnisse werden klar herausgestellt und zur Anwendung empfohlen. Die einzelnen Methoden der Laborpraxis wie auch besondere Feldprüfverfahren des Baugrundes werden beschrieben und die Vor- und Nachteile der einzelnen Methoden behandelt. Einige neue Methoden, die erst in den letzten Jahren zur Anwendung gelangten, werden besonders ausführlich dargestellt. Zu erwähnen sind hier die Abschnitte über die Sondiermethoden, wobei vor allem gewisse Vorzüge der Drucksondierung gegenüber den Rammsondierungen herausgestellt werden. Die Proctorversuche zur Ermittlung und Überprüfung der dichtesten Lagerung sowie des optimalen Einbauwassergehaltes für Dammschüttungen usw. werden ausführlich beschrieben. Bei den Untersuchungen der Bodenbeschaffenheit durch Probebelastungen werden der CBR-Versuch (California Bearing Ratio) und das Plattendruckgerät ausführlich behandelt. Das vorliegende neue Lehrbuch schließt eine Lücke auf dem deutschen Buchmarkt hinsichtlich eines modernen Fachbuches über Baugrunduntersuchungen. Das Studium dieses Buches kann allen Studierenden auf dem Gebiet der Baugrunduntersuchungen, allen Baugrunduntersuchungsstellen und Erdbaulaboratorien sowie auch den Projektanten, Statikern, Architekten usw., die mit dem Baugeschehen zu tun haben, nur sehr empfohlen werden.

R. KÖHLER

KOLP, O.

Die nordöstliche Heide Mecklenburgs

VEB Deutscher Verlag der Wissenschaften, Berlin, 1957

Das Werk erscheint als Band 1 der Abhandlungen der geographischen Gesellschaft in der DDR. Der Verfasser beschreibt die geologische Entwicklung der Heidelandschaft und die Küstenbildungen von Rostock bis Ribnitz. Uferlinie, Küstenrückgang und Einwirkung von Sturmflutungen werden besonders beachtet. Des weiteren werden die wirtschaftlichen Grundlagen des Heidegebietes behandelt. Für den Geologen ist besonders der Anhang zur geologischen Entwicklung des Heidegebietes beachtenswert, es werden in ihm zahlreiche Bohrprofile beschrieben, und es wird besonders über die Tiefenlage des Geschiebemergels Auskunft gegeben. E.

HEYER, K.

Die Möglichkeiten zur Erhöhung der Kalkproduktion

Silikattechnik 9, 1958, S. 13—14

Wir entnehmen diesem Beitrag:

„In den verflossenen Jahren bestand die Tendenz, die Kalkindustrie nur nach ihrem Aufkommen an Baukalk zu beurteilen. Nach den Planzahlen des Jahres 1956 schlüsselt sich jedoch die Kalkproduktion folgendermaßen auf:

$>$ 70% für die chemische und metallurgische Industrie,
rd. 18% für Düngekalk und nur
rd. 12% für Bauzwecke.

Die chemische Industrie und die Eisenindustrie benötigen einen hochwertigen reinen Kalk als Rohkalk oder auch als gebrannten Stückkalk mit möglichst geringen oxydischen Verunreinigungen. Die Anforderungen sind in den TGL-Entwürfen 3330 — Rohkalkstein, 3331 — gebrannter Kalk und 3323 — Kalkhydrat für die einzelnen Industriezweige und Verwendungszwecke festgelegt.

Die DDR ist äußerst reich an Kalksteinlagern, und zwar sind die für Industriekalk geeigneten Vorkommen in der Hauptsache im Harz und bei Oberrohn (devonische Kalke) sowie in Rüdersdorf (Muschelkalk) zu finden. Auch der Travertin von Weimar-Ehringsdorf ist für diese Zwecke gut geeignet.

Für die Herstellung von Bau- und Düngekalken kommen die Dolomite und Kalke des Altpaläozoikums, des Zechsteins und des Muschelkalkes sowie die Kreidekalke Mecklenburgs und der diluviale Travertin in Betracht.

Aus diesen Kalken werden für Bauzwecke die Luftkalke, Weißkalk oder Dolomitkalk, sowie die hydraulischen Kalke hergestellt."

LINARI-LINHOLM, A. A.

Neue Aufbereitungsverfahren im Diamantbergbau

„Die Bergbauwissenschaften" 5/1958, S. 166—175

Seitdem 1910 die Fettherde in der Diamantaufbereitung eingeführt wurden, war die Entwicklung praktisch stehengeblieben. Erst nach dem zweiten Weltkrieg befaßte man sich damit, modernere Aufbereitungsverfahren auszuarbeiten, die vor allem für Industriediamanten die Gewinnungskosten herabsetzen sollten. Das „Diamanond Research Laboratory" in Johannesburg, Südafrikanische Union, arbeitete neue Aufbereitungsverfahren aus, über die der Autor in einer Dissertation der Bergakademie Clausthal berichtete.

Er behandelt die Entwicklungsarbeiten eines elektrostatischen Trennverfahrens für die Gewinnung von Diamanten aus schweren Begleitmineralien. Als Ergebnis der beschriebenen Versuche wurde ein praktisch anwendbares Gewinnungsverfahren entwickelt, wonach sogar grobkörnige Diamanten erfolgreich von ihren schweren Begleitmineralien getrennt werden können. Das entwickelte Aufbereitungsverfahren soll bei Diamant-Mineralgemengen bis zu 6 mm Korngröße hohe Anreicherungen liefern, wobei das Ausbringen von Diamanten nahe an 100% liegt.

Ferner wurde ein neues Aufbereitungsverfahren für die Gewinnung von kleinen Diamanten aus den Fettherdkonzentraten entwickelt. Hierbei werden die elektrostatischen Konzentrate in einer Art Filmflotation in Diamanten und Begleitmineralien getrennt. Weiter wurde ein Verfahren zur Oberflächenvorbehandlung von Mineralteilchen für solche diamantführenden Gesteine, die beträchtliche Mengen von schlecht leitenden Begleitmineralien enthalten, ausgearbeitet. Die bei der Diamantgewinnung bis vor kurzem vorwiegend angewendete Klaubarbeit konnte durch die neuen Aufbereitungsverfahren vermindert werden. E.

Newest Carlsbad Producer is Shipping Potash

Engineering and Mining Journal, March 1957

In dem wüstenartigen Lea County, östlich von Carlsbad in New Mexiko (USA), begann am 30. Januar 1957 die Förderung von Kalisalzen aus einer neuen Schachtanlage der National Potash Co. Der Lagerhorizont liegt in ungefähr 518,5 m Tiefe, tiefer als in den anderen Kaligruben des Gebietes. Es handelt sich um ein leicht gewelltes Lager von ungefähr 1,5 m Mächtigkeit. Das Rohsalz mit 15—20% K_2O ist ein Sylvinit, das hangende und liegende Nebengestein Steinsalz. Wasserschwierigkeiten sind bisher nicht aufgetreten. Die Zusammensetzung des Rohsalzes, des Nebengesteins und des Wasserhaushaltes unterscheidet sich nur unwesentlich von der in anderen Kaliwerken dieses Gebietes.

Die Anlage wurde mit einem Gesamtaufwand von 19 Mill. $ auf Bundes- und staatseigenem Land errichtet und soll 1.200 tato Fertigprodukt aus 4.800 tato Rohsalz liefern. Die Übertage-Anlage kostete 8 Mill. $.

Zwei Schächte haben die Lagerstätte erreicht, der eine Schacht ist 575 m, der andere 545,6 m tief. Diese kreisrunden Schächte mit einem Durchmesser von 4,5 m wurden nach dem hochmechanisierten Verfahren von Kremer Bain niedergebracht, das zum ersten Male beim Indian-Creek-Schacht in der Nähe von Potosi im südöstlichen Missouri angewandt wurde. Genauere Einzelheiten über das Schachtabteufen, das im 3-Schichten-6-Tage-Arbeit-Verfahren durchgeführt wurde, finden sich in der 1956er Ausgabe des E. & M. J.-Guidebock, mid-June, Seite 98.

Die Schachtförderung erfolgt automatisch nach dem System Koepe und ist die zweite derartige Anlage in den USA. Zwei 10-t-Skips fördern Rohsalz im Schacht 1. Der Schacht 2 ist mit der Gestellförderung für Mannschafts- und Materialtransport ausgerüstet.

Abgebaut soll nach dem room- and pillar-System werden mit Pfeilern von einer Stärke von 5,5 m bei einer Abbaubreite von 24,5 m. Das Rohsalz wird teils durch continousminer mit Pendelwagen, teils mit normaler Ausrüstung (Schrämmaschine, Bohrwagen, Joy-Lader und Pendelwagen) gewonnen.

Im ersten Stadium der Entwicklung wird bis zu einer Entfernung von etwa einer Meile vom Schacht mit Förderbändern gearbeitet. Später soll das Rohsalz mit Zugförderung zum Kreiselwipper am Schacht befördert werden.

Die Wetterführung wird durch zwei 100000-cfm-Ventilatoren im Schacht 2 bewerkstelligt.

Am Schacht 1 befindet sich unter Tage ein 400-t-Rohsalz-Hauptbunker und ein 200-t-Reservebunker, der nur bei Vollproduktion benutzt wird. Das Brechen des Rohsalzes auf weniger als 3 Zoll geschieht am Bunker unter Tage.

Das Fördergut besteht aus Kaliumchlorid, Natriumchlorid und Ton.Der weitere Prozeß basiert daher auf einer Behandlung des Rohhaufwerkes in einer gesättigten Lauge. In dem Verarbeitungsprozeß wird das Flotationskonzentrat aus dem Rückstand gewonnen, der aus Rohsalz und rekristallisiertem Chlorkalium besteht, von dem vorher der Schlamm oder das „tonenthaltende Feinkorn“ abgetrennt wurde. Das Rohsalz wird vorher gebrochen, um den Sylvin freizumachen, und dann mit einer Lauge versetzt, so daß sich eine Trübe bildet. Die Trübe wird entschlammt, um Ton und feinkörniges Salz zu entfernen. Das Chlorkalium wird aus dem so entschlammten Rohsalz flotiert, Schlamm und Flotationsrückstand zur Gewinnung des restlichen KCl-Gehaltes gewaschen. Der zum Anmaischen benutzten Lauge wird im Vakuum-Verdampfapparat das KCl entzogen. Die Tonfraktion wird in einem Gegenstrom-Klärgefäß gewaschen, um die Chlorkaliumverluste auf ein Minimum herabzudrücken. Das Produkt der Flotation und das Kristallisat aus dem Vakuumapparat und Klärgefäß werden zusammen getrocknet, nach den gewünschten Körnungen getrennt und bis zur Verladung eingelagert. Die Flotationsmittel werden nicht genannt.

Die Anlage der National Potash Co. besitzt einen Behälter für 3785 m^3 Frischwasser, das täglich benötigt und aus 3 Tiefbrunnen in ungefähr 35,4 km Entfernung gewonnen wird. Zur Versorgung der Trockenöfen und zur Energiegewinnung wird Erdgas in Pipelines aus 22,5 km Entfernung herangeführt. Zwei elektrische Dieselaggregate stehen als Reserve zur Verfügung.

Unter den Übertageanlagen fallen die beiden Fördertürme und die drei massiven 35000 t fassenden kuppelförmigen Salzspeicher besonders auf. Diese werden mittels Förderbändern gefüllt und direkt in Eisenbahnwaggons entleert. Der Durchmesser eines Salzspeichers beträgt 56,4 m. Die große Stapelkapazität wird wegen der saisonbedingten Abnahme der Ware durch die Landwirtschaft benötigt. Das Produkt hat garantiert 60% K_2O und gelangt als ein grobes und als ein feineres staubfreies Standarderzeugnis an die Landwirtschaft zum Verkauf.

Ungefähr 75 Arbeiter werden, wenn die Entwicklung abgeschlossen ist, über Tage und 200 unter Tage beschäftigt sein. Die Untertagearbeit erfolgt in 20 Schichten pro Woche, die Fabrik läuft mit 21 Schichten. GESS

Rohstoffe der Silikatindustrie

Unter diesem Sammelartikel veröffentlicht die Silikattechnik im Heft 3, Jg. 9 (1958) eine Reihe wichtiger Beiträge über die Lagerstätten und die Rohstoffbasis der Industrie der Steine und Erden.

Wir machen besonders auf die folgenden Aufsätze aufmerksam:

SEILER, H.: Probleme der Kaolin- und Tonversorgung (S. 106—109), POMPER, J.: Unsere Tonlagerstätten (S. 110 bis 116), POMPER, J.: Die Ziegeltonlagerstätten im mitteldeutschen Raum (S. 117—120), VOIGT, H.: Die Kalklagerstätten der Deutschen Demokratischen Republik (S. 121 bis 126), LÖHN, J.: Zur Frage der Feldspatversorgung (S. 141).

Unseren Geologen sei das Studium dieser aufschlußreichen Beiträge besonders empfohlen. E.

Nachrichten und Informationen

Die Pro-Kopf-Produktion in der UdSSR und den USA

Anfang Mai beschäftigte sich das Plenum der KPdSU mit der beschleunigten Entwicklung der chemischen Industrie, und zwar insbesondere mit der Steigerung der Produktion von synthetischen Fasern und Kunststoffen.

N. CHRUSCHTSCHOW gab in seinem Bericht (nach „Die Wirtschaft“, Nr. 21 v. 22. 5. 58, S. 12) vor dem Plenum die folgenden Zahlen bekannt, aus denen ersichtlich ist, wie der Stand des Wettbewerbs zwischen der UdSSR und den USA gegenwärtig aussieht: (s. nebenstehende Tabelle).

In dieser Gegenüberstellung kommen noch nicht die Krisenerscheinungen zum Ausdruck, die sich in den ersten Monaten des laufenden Jahres infolge der Weltwirtschaftskrise ausgewirkt haben.

Im I. Quartal 1958 waren gegenüber dem I. Quartal 1957, in dem die sowjetische Industrieproduktion um 11% stieg, in den USA die Stahlproduktion um 40%, die Kohlenförderung um 21%, die industrielle Konsumgüterherstellung um 20% und die Autoproduktion um 26% zurückgeblieben.

Zuwachsraten und absolute Zunahme der Industrieproduktion der UdSSR und der USA 1953 bis 1957

	Durchschnittl. jährliche Zuwachsrate (+) bzw. Abnahme (−) in Prozent		Absolute jährliche Zunahme (+) bzw. Abnahme (−)	
	UdSSR	USA	UdSSR	USA
Eisenerz	+ 9,0	−3,2	+ 6,1	− 3,0 Mio t
Roheisen	+ 7,8	+1,1	+ 2,4	+ 0,8 „ t
Stahl	+ 7,6	+0,2	+ 3,2	+ 0,3 „ t
Kohle (umgerechnet auf Steinkohle)	+ 9,7	+1,3	+30,6	+ 5,7 „ t
Zement	+16,0	+2,7	+ 3,2	+ 1,2 „ t
Elektroenergie (ohne Eigenverbrauch d. Kraftwerke)	+11,6	+8,6	+17,4	+50,4 Mrd.kWh
Erdöl	+16,8	+2,7	+11,4	+ 8,8 Mio t
Erdgas	+28,2	+6,1	+ 2,9	+15,9 Mrd. m^3

Wenn man den Stand der Produktion für 1937 = 100 setzt, so ist in den sozialistischen und kapitalistischen Ländern die Produktion in Prozenten entsprechend der folgenden Tabelle gestiegen:

Wachstumstempo der Industrieproduktion (in %)

Jahr	Sozialistische Länder (insgesamt)	Kapitalistische Länder
1937	100	100
1950	365	141
1955	706	189
1957	867	202

Das gegenwärtige Wachstumstempo der Industrieproduktion kann durch den Einsatz synthetischer Produkte, Kunstfasern und Plaste vergrößert werden, was der Chemie eine Schlüsselstellung sowohl zur Herbeiführung einer technologischen Umstellung der Industrie als auch bei der weiteren Vergrößerung des Ausstoßes der Konsumgüterindustrie einräumt. In entscheidenden Zweigen der modernen Chemie wie in der Herstellung synthetischer Fasern und Plasten wird die Sowjetunion in Kürze auf Grund der Forcierung der chemischen Industriezweige die USA in der Pro-Kopf-Produktion erreichen können.

Die nachfolgende Tabelle[1]) zeigt die Industrieproduktion in der UdSSR:

	1937	1955	1960 (Plan)
Kohle (in Mio t)	128,0	391,0	593,0
Roheisen (in Mio t)	14,5	33,3	53,0
Stahl (in Mio t)	17,7	45,3	68,3
Elektroenergie (in Mrd. kWh)	36,2	170,0	320,0

[1]) Nach B. S. GERASTSCHENKO „Die Entwicklung der Schwerindustrie in den Jahren der Sowjetmacht" (russ.). Moskau 1958, Verlag „Snanije".

E.

Zunehmende Bedeutung des Erdgases

Die UN-Wirtschaftskommission für Europa (ECE) hat die gegenwärtige Bedeutung und die Perspektiven des Erdgases in den europäischen Ländern untersucht. Bei Beurteilung ihrer Ergebnisse ist zu berücksichtigen, daß die UN-Wirtschaftskommission für Europa die von ihr selbst festgestellte Entwicklung an und für sich nicht begrüßt, weil sie vorwiegend die Interessen der Steinkohlen-, Eisen- und Stahlindustrie vertritt. Vor allem in Frankreich wird durch die neuen Erdgasfunde im Pyrenäenvorland und in der Nord-Sahara das Gasmonopol der Stahlindustrie stark bedroht. Französische Kreise rechnen damit, daß man das Erdgas zu stark reduziertem Preis gegenüber dem bisherigen Kokerei- bzw. Gasanstaltsgas wird abgeben können. Wahrscheinlich ist die Untersuchung der ECE hierdurch veranlaßt worden. Hinzu kommt, daß auch in Westdeutschland die chemische Industrie immer mehr zur Verwendung von Erdgas übergeht und damit gleichfalls beginnt, das Gasmonopol der Ruhrindustrie zu durchbrechen.

Die „Deutsche Zeitung und Wirtschaftszeitung" vom 28. 9. 1957 teilt u. a. über die Untersuchungsergebnisse der ECE folgendes mit:

„Der hohe Heizwert des Erdgases, der den Transport großer Kalorienmengen in einem relativ kleinen Volumen erlaubt, und seine vielseitige Verwendbarkeit sichern ihm innerhalb der Energiewirtschaft einen besonderen Rang." ...

„Ein Muster ist das kohlenarme Italien. Der zielbewußte Ausbau seiner Erdgasquellen führte zu einer industriellen Revolutionierung. Im Laufe von weniger als 20 Jahren steigerte Italien den Anteil des Erdgases am gesamten Energieverbrauch von 0,1% auf 8,9%; gleichzeitig verdreifachte es den der ebenfalls weitgehend im eigenen Land gewonnenen flüssigen Brennstoffe, so daß der Kohleanteil auf die Hälfte reduziert werden konnte." .... „Die Italiener brauchen zur Herstellung von 1 m³ Wasserstoff 400 Liter Erdgas oder 1 kg Kohle." .... „Der Gastransport kostet weniger als eine Elektrizitätsübertragung über weite Strecken." .... „Die Industrie rangiert als Abnehmer an erster Stelle, die in Italien, Polen und der Sowjetunion bis zu 80% der Erdgasproduktion aufnimmt. Österreich verwendet die Hälfte seiner Methangasausbeute zur Stromerzeugung und knapp ein Drittel für die öffentliche Gasversorgung. In den USA fließen 43% in die Industrie und 38% in Haushaltungen und Gewerbebetriebe. — Die Bevölkerungsdichte bestimmt die Art des Leitungsnetzes. In den großen Staatsgebieten der USA und der Sowjetunion werden täglich etwa 10 Mio m³ Erdgas über weite Strecken befördert, wobei nach jeweils 150—200 km Druckverstärker nötig sind. Durch die 1300 km lange Leitung von den Karpaten über Kiew nach Moskau strömen täglich 5 Mio m³ Erdgas, das zusammen mit anderen Netzen u.a. 80% des Moskauer Heizungsbedarfs deckt. In den europäischen Ländern wird dagegen infolge der dichteren Besiedlung Gas an vielen Stellen von den Leitungen angezapft. Hier sind weniger Druckverstärker erforderlich, und der Rohrdurchmesser kann aus Kostengründen möglichst klein gehalten werden. Italien verzeichnet die größte Wirtschaftlichkeit bei einem Druck von 50—60 kg je cm² und einem Leitungsweg von 240 km für 800000 m³ Tagesleistung bzw. bei einer Strecke bis zu 470 km bei 5 Mio m³. Die maximale Leitungsausnutzung von 90%, wie sie bei der chemischen Industrie möglich ist, führt zu starken Kostendegressionen."

„Schwierigkeiten bereitet noch der Spitzenausgleich. In den USA wurden 1954/55 etwa 18% der Tagesversorgung unterirdisch gelagert. Im Moskauer Gebiet sind durch Verflüssigung, die das Gasvolumen entsprechend verkleinert, etwa 2 Mio m³ lagerfähig. Bei Bedarf werden sie wieder in Gas verwandelt. Alle anderen Länder prüfen erst die Lagerungsmöglichkeiten. Zur Verbrauchssteuerung leistet auch hier die Preispolitik gute Dienste. So richtet Italien seine Kalkulation nach dem billigsten Heizöl unter Berücksichtigung des höheren Methangasheizwertes aus. Im Dezember 1955 betrug der Abgabepreis für 1 m³ 12,2 Lire (rd. 8 Pfennig) für Heizzwecke, aber nur 7,6 Lire (5 Pf.) für die chemische Industrie." ....

Erdgasproduktion (in Mio m³)

Land	1948	1953	1955	1960[1])	Erdgasanteil an ges. Gasabgabe 1954/55 (in %)
Rumänien	2036[3])	–	5800	13400[2])	100,0
UdSSR	–	6868	8981	43000	92,8
Italien	117	2298	3627	5100	83,4
Österreich	87	276	766	1200	60,4
Polen	–	–	525	[2])	31,8
Frankreich	174	252	270	–	10,8
Niederlande	–	2	–	–	5,7[5])
Westdeutschland	–	58	240[4])	[2])	3,2

[1]) Vorausschätzung. [2]) Vervielfachung der bisherigen Produktion erwartet. [3]) 1938. [4]) Januar/September 1956: 265 Mio m³. [5]) 1953.

Bayerisches Erdgas

Die neuesten geologischen Erkundungen im oberbayerischen Landkreis Mühldorf haben ergeben, daß die Erdgasvorkommen im Raum Ampfing-Isen-Hohlenlinden bedeutend umfangreicher sind als ursprünglich angenommen wurde. Diese günstigen Ergebnisse veranlaßten die Farbwerke Hoechst AG, im Rahmen ihres Anorgana-Werkes in Gendorf eine moderne petrochemische Fabrik zu errichten, die das Erdgas als Grundstoff auswerten wird. Außerdem haben die Stadtwerke München ihren bisherigen Erdgasbezug vom Feld Isen auf durchschnittlich 250000 m³ pro Tag erhöht.

Die 60 km lange Erdgasleitung wurde Anfang 1957 in 9 Wochen erbaut, hat einen Durchmesser von 200 mm und befördert das Gas mit einem Druck von etwa 35 atü (der Druck des Gases beträgt an der Sonde etwa 160 atü). Die Stadtwerke, die in Zukunft auch Erdgas zur Beheizung der städtischen Heizkraftwerke hinzuziehen werden, sparen durch diese Modernisierung eine Zufuhr von ca. 325 t Steinkohle pro Tag ein. Die Zusammensetzung des Erdgases besteht aus 98% Methan, 0,8% Äthan, 0,6% Wasserstoff und 0,4% Stickstoff. Die Stadtwerke haben einschließlich des Baues der Fernleitung etwa 8 Mio DM investiert, um durch vermehrten Zusatz von Erdgas die Stadtgasversorgung zu verbessern.

Zunächst versucht man, den Heizwert des Erdgases (ca. 9500 kcal m³) dem des Stadtgases (ca. 4300 kcal m³) anzugleichen, um es dadurch den auf Stadtgas eingestellten Gasgeräten für Haushalt und Industrie anzupassen. Hierzu wird auf thermischer Grundlage eine Spaltanlage gebaut, in der ca. 3500 m³/h Erdgas zu rd. 9000 m³/h Spaltgas (bestehend vorwiegend aus H_2 und CO) verarbeitet werden.

(Eine Skizze der Spaltanlage veröffentlichte „Der Städtetag", Jg. 10, Heft 12, Dez. 57, S. 579.) Diese Spaltgasmenge wird wiederum vermischt mit etwa 2300 m³ rohem Erdgas, was dann eine Stadtgasmenge von etwa 11000 m³ ergibt.

Eine zweite Erdgasleitung aus dem Erdölfeld Ampfing zu dem Werk der Süd-Chemie AG München in Moosburg wurde kürzlich in Betrieb genommen. In ihr werden täglich 20000 m³ befördert. Das bayerische Erdgasnetz soll verbreitert und zunächst die Stadt Landshut angeschlossen werden.

Wenn man bedenkt, daß in erdgasreichen Gegenden reine Methangase von der Zusammensetzung des Gases von Isen unverarbeitet mit hohem Heizwert dem Verbraucher zugeführt werden, so sieht man, daß die Münchener Anlage noch recht kompliziert ist. Immerhin sind die Widerstände, die in Westdeutschland die Erdgasgewinnung hemmen und 1957 ihre volle Auswertung nicht gestatteten, in dem kohlenarmen Bayern geringer. Der stärkste Widerstand gegen eine Nutzbarmachung der erkundeten Erdgasvorräte kommt von den Ruhrindustriellen, die daran interessiert sind, daß das bisher in Deutschland gebräuchliche Stadtgas, das auf Steinkohlenbasis hergestellt wird, trotz seines geringen Heizwertes von 4300 kcal m³ auch für die Zukunft das Rückgrat der deutschen Gasversorgung bleiben soll. E.

Die Bedeutung des französischen Erdgases

Das Erdgasvorkommen von Lacq ist das reichste Europas. Seine wirtschaftliche Bedeutung geht aus der Tabelle 1 hervor.

Tabelle 1

	April 1957	Ende 1958	Anfang 1960	Ende 1962 (voraussichtlich)
Voraussichtliche Produktionsziffern für Rohgas in m³ je Tag	1000000	5000000	10000000	20000000
Jährliche Produktion von gereinigtem Gas in Mio m³	200	1000	2000	4000
Entsprechende Steinkohlenmengen in 1000 t	280	1400	2800	5600
Vergleich mit dem gegenwärtigen Energieverbrauch Südwest-Frankreichs	12%	60%	120%	240%
Vergleich mit dem gegenwärtigen Energieverbrauch ganz Frankreichs	0,2%	1,1%	2,2%	4,4%
Vergleich mit dem voraussichtlichen Energiebedarf Frankreichs in kommenden Jahren	0,2%	1,0%	2,0%	3,6%

Quelle: Veröffentlichung der Société Nationale des Petroles d'Aquitaine, Paris.

Zwar stellt der Beitrag der Gaslagerstätte von Lacq im Jahre 1958 nur etwa 1% des Gesamtverbrauchs Frankreichs dar; aber in dem gleichen Maße, wie die Gasproduktion ansteigt, erhöht sich auch der Anteil an Flüssiggasen und Schwefel. Diese Zusammenhänge zeigt Tabelle 2.

Tabelle 2. Theoretisch mögliche Produktionsziffern

Verarbeitete Rohgasmenge	1000000 m³	5000000 m³	20000000 m³
Gereinigtes Gas in m³	200 Mio	1 Mrd	4 Mrd
Schwefel in t	55000	275000	1100000
Propan und Butan in t	7000	35000	140000
Benzin in t	12000	60000	240000

Die Kosten der Schwefelwasserstoffextraktion machen sich durch den anfallenden Schwefel bezahlt. Der jährliche Schwefelverbrauch Frankreichs beträgt etwa 550000 t und wurde bisher vorwiegend aus USA-Importen gedeckt. Sobald also pro Tag 10 Mio m³ Rohgas in Lacq gefördert werden, kann Frankreich seinen Eigenbedarf an Schwefel decken. In Ferngasleitungen wird das gereinigte Gas nach Bayonne und Langon transportiert. Es ist vorgesehen, Nantes, Orleáns, Lyon, St. Etienne, Grenoble, le Creuzot und andere Orte an die Ferngasleitungen anzuschließen.

Nach „L'Information" vom 23. 11. 57 wird den französischen Großverbrauchern mit Direktanschluß das Gas für 6 ffr (6 Pf.) je m³ zu 8200 kcal geliefert. (Italienische Gasverbraucher in Mailand, Genua und Turin bezahlten zur gleichen Zeit für den Kubikmeter Erdgas im Jahre 1958 aus den Lagerstätten der Po-Ebene 14 Lire (= 9,4 Pf.).

Der 74. französische Gas-Kongreß stand unter dem Eindruck dieser neuen Entwicklung, die man als revolutionierend empfand. Schon in wenigen Jahren werden nur noch die Gaswerke bei Paris und in Nordfrankreich auf Steinkohlenbasis arbeiten. Mit dem Bau der 700 km langen Erdgasleitung von Lacq nach Paris ist begonnen worden, nachdem gerade das neueste Pariser Gaswerk auf Steinkohlenbasis seinen Betrieb aufgenommen hat. Das Versorgungsgebiet von Paris nimmt etwa die Hälfte des gesamten französischen Verbrauchs in Anspruch. Der überwiegende Teil der dem Kongreß vorgelegten Berichte behandelte deshalb Fragen der Verteilung von Erdgas, den Einsatz von Flüssiggas in der Gasindustrie und der Gastrocknungs- und Gasreinigungsverfahren. Ein Untertagegasspeicher soll bei Beynes in der Nähe von Versailles ausgewertet werden. Als Speicherraum dient die Aufwölbung einer wasserführenden, linsenförmigen Schicht von 30 m Mächtigkeit, die in 310 m Tiefe zwischen gasundurchlässigem Gestein eingeschlossen ist. Das Fassungsvermögen dieses Speichers wird mit 120—150 Mio m³ angegeben. Im Winter 1956/57 wurden darin erstmalig 30 Mio m³ Kokereigas versuchsweise gespeichert. Das Gas wurde zuvor in Kerzenfiltern vom Staub und in einer Aktivkohleanlage von polymerisierbaren Kohlenwasserstoffen, Schwefelverbindungen und Phenolen gereinigt, um Verstopfungen der Poren des Speichergesteins zu verhindern. E.

Die Erdölgewinnung in den Niederlanden im Jahre 1957

Im vergangenen Jahr erreichte die Gewinnung von Erdöl in den Niederlanden mit 1500000 t den bisherigen Höchststand. Sie hat sich im Vergleich zu 1956 (1094000 t) um 37% erhöht und deckte ein Viertel des gesamten niederländischen Bedarfs an Erdölprodukten.

Die niederländischen Erdölvorkommen werden erst seit Kriegsende ausgebeutet. Zunächst erfolgten die Bohrungen nur in einem Gebiet im Nordosten des Landes. 1953 wurden die ersten Erdölvorkommen in der im Westen des Landes gelegenen Provinz Südholland entdeckt. Der im Osten des Landes nach und nach abnehmenden Ausbeute steht eine zunehmende Erdölgewinnung im Westen gegenüber. Beinahe ein Viertel des Erdöls aus eigenem Boden stammt heute aus dem westlichen Gebiet.

Erdölkongreß der arabischen Länder

Vom 1. bis 15. 11. 1958 wird in Kairo der erste Erdölkongreß der arabischen Länder stattfinden. Hierzu hat das Sekretariat der arabischen Liga alle Mitgliedstaaten sowie die Fürstentümer am Persischen Golf und die Organisationen, die sich in diesen Gebieten mit Erdöl beschäftigen, eingeladen. Während des Kongresses sollen Ausschüsse gebildet werden, die sich mit den folgenden Fragen befassen: Erkundung, Produktion, Transport, Raffination, wirtschaftliche Perspektiven der Erdölindustrie, Arbeiterzahl, Lohnhöhe, Kapitalinvestitionen, Notwendigkeit einer Zusammenarbeit zwischen den arabischen Ländern usw. Ein wichtiger Punkt wird die kommende Gesetzgebung sein, die das Verhältnis zwischen den arabischen Regierungen und den Erdölgesellschaften bei der Erkundung regeln wird. Während des Kongresses wird eine Ausstellung über den gegenwärtigen Stand der Erdölindustrie stattfinden. E.

Erdöl in Bolivien

In La Paz wurde die Gründung eines Petroleuminstituts beschlossen, das zur Förderung und Koordinierung der Studien über Erdöl und seine Nebenprodukte beitragen soll. Die staatliche Petroleumgesellschaft YPFB hat seit Anfang 1956 bis Ende 1957 an 5 ausländische Firmen Erdölkonzessionen über insgesamt 4,71 Mill. ha vergeben. Verhandlungen über die endgültige Zuteilung von weiteren 4,87 Mill. ha laufen noch. Im Februar wurde mit dem Bau der Ölleitung Sicasica-Arica begonnen. Diese für die Wirtschaft Boliviens außerordentlich wichtige Leitung wird dem bolivianischen Erdöl den Zugang zum Weltmarkt erschließen. Die Leitung wird von einer amerikanischen Firma gebaut und hat eine Gesamtlänge von 350 km. Sie soll im November 1958 in Betrieb genommen werden.

Die Steinkohlenausfuhr der Vereinigten Staaten

Die Steinkohlenausfuhr der USA hat im Jahre 1957 mit 73,2 Mio t einen neuen Höchststand erreicht und das Ergebnis von 1947 übertroffen, das durch die Hilfslieferungen an Europa mit 70,3 Mio t bisher an der Spitze stand. Der Anteil der Ausfuhr an der amerikanischen Kohlenförderung hat sich von 1954 gegenüber 1957 fast verdoppelt.

Förderung und Ausfuhr von amerikanischer Kohle
(in Mio metr. t)

Jahr	Steinkohle Förderung	Steinkohle Ausfuhr	Steinkohle Ausfuhranteil i. %	Anthrazit Förderung	Anthrazit Ausfuhr	Anthrazit Ausfuhranteil i. %
1950	465,34	23,10	4,96	39,99	3,53	8,83
1951	481,14	51,46	10,70	38,71	5,41	13,98
1952	420,77	43,22	10,27	36,82	4,17	11,33
1953	412,26	30,63	7,43	28,08	2,48	8,83
1954	352,81	28,15	7,98	26,38	2,59	9,82
1955	418,80	46,49	11,10	23,92	2,86	11,96
1956	451,69	62,18	13,77	25,93	4,76	18,36
1957	441,93	69,26	15,67	23,11	3,93	17,01

Bruttoförderung von Eisenerz der Europäischen Gemeinschaft
(in 1000 t)

Jahr	Westdeutschland	Belgien	Frankreich	Italien	Luxemburg	Gemeinschaft
			Tatsächliche Mengen			
1954	13029	81	44362	1601	5887	64970
1955	15682	106	50885	2151	7204	76028
1956	16928	144	53359	2650	7594	80675
1957	18320	137	58527	2608	7843	87435
			In Fe-Gehalt			
1954	3551	26	13331	613	1493	19014
1955	4227	33	15463	781	1792	22296
1956	4512	45	16121	900	1894	23472
1957	4827	42	17436	881	1900	25086

Die Einfuhr hat sich gegenüber 1956 um 11% und gegenüber 1952 um 79% erhöht.
(Aus „Europäische Gemeinschaft für Kohle und Stahl", Hohe Behörde, Sechster Gesamtbericht über die Tätigkeit der Gemeinschaft, 13. April 1958).

E.

Albanien fördert Nickel- und Eisenerze

Durch geologische Erkundungsarbeiten wurden in Mittelalbanien flach lagernde Nickel- und Eisenerzvorkommen nachgewiesen. Mit ihrer Gewinnung wurde jetzt im Tagebau begonnen. Schon 1961 soll die vorgesehene Förderkapazität von einigen 100000 Tonnen erreicht und damit dieser erste albanische Tagebau zur größten Grube des Landes entwickelt werden. Rr.

Eisenerz von Ceylon

In Ceylon haben die Vorarbeiten zum Abbau der dortigen Eisenerze begonnen. Man rechnet mit einer Förderung von etwa 2,3 Mio t/Jahr. Rr.

Lagerstättenerkundung im nördlichen Kanada

Die Kanadische Regierung hat begonnen, den Norden des Landes geologisch erforschen zu lassen. In seinem westlichen Teil soll vor allem das Yukon-Gebiet untersucht werden, da man dort große Erz- und Erdölvorräte vermutet. Des weiteren soll das Gebiet zwischen dem Großen Sklavensee, dem Großen Bärensee und Coppermine erkundet werden. Ein Fünf- bis Zehnjahrplan für die Anlegung eines Straßennetzes im Yukon- und Nordwest-Territorium ist vorgesehen. Hierdurch sollen die reichhaltigen Blei-Zink-Vorkommen von Pine Point am Großen Sklavensee und die großen Lithiumvorkommen östlich von Yellowknife aufgeschlossen werden. Im Osten und in der Mitte Kanadas stehen die reichen Eisenerzvorkommen der Belcher-Inseln in der Hudson Bay sowie die Eisenerzvorkommen der Ungava Bay im Vordergrund.

Für die geologische Erkundung stehen Hubschrauber zur Verfügung, die gegenüber früher das Tempo der Erkundung um etwa das dreißigfache steigern. Man konnte so z. B. im letzten Jahr am oberen Mackenzie rd. 100000 Quadratmeilen geologisch aufnehmen. In diesem Jahr wird die Erforschung des Mackenzie-Gebietes fortgesetzt, unter Ausdehnung der Operationen im nächsten Jahr auf die Banks-Victoria-Inseln im Polarmeer. Diese Inseln, von denen rd. 125000 Quadratmeilen erforscht werden sollen, sind heute noch fast gänzlich unbekannt.

Für die Anfertigung von brauchbaren Karten der arktischen Inseln wurden 6 Mio $ bereitgestellt. E.

Neue große Titaneisenerzlagerstätte in Südafrika

Wie wir erfahren, gelang es dem Freiberger Montangeologen J. P. Buchmann, in Südafrika eine bedeutende Titanlagerstätte zu entdecken. Es handelt sich um eine fossile Strandablagerung von im wesentlichen Ilmenit (Leukoxen) sowie etwas Rutil, Zirkon und Monazit. Das Vorkommen ist etwa 12 Meilen nördlich Bothaville im Oranje-Feistaat an der Hauptstraße von Klerksdorp nach Odendaalsrus gelegen. Durch die bisherigen Untersuchungen konnten etwa 100 Mio t festgestellt werden. Wahrscheinlich sind aber noch erheblich größere Vorräte vorhanden.

Das Roherz erhält 70—80% Schwermineralien und ergibt durchschnittlich etwa 35% TiO_2, wozu noch Gehalte an Zirkonium, Thorium und Cerium kommen. In den Konzentraten ergeben sich Gehalte von 52—63% TiO_2.

Die Gewinnung der Erze, die wie ein rostiger Sandstein aussehen, ist im Tagebau möglich.

Eine versuchsweise Verarbeitung des Ilmenitkonzentrats ergab ein Rohoxyd, „S. A. White Oxide", mit 98,4% TiO_2. Für die weitere Verarbeitung dieses Rohoxyds werden unseres Wissens noch Interessenten gesucht. Reh

Westdeutschland erstrebt Kalikartell

Die Kaliindustrie Westdeutschlands hat beim Bundeskartellamt den Antrag auf Eintragung eines Rationalisierungs- und Exportkartells gestellt. Gründe hierfür liegen in der Grundlagenforschung, der Rationalisierung sowie der einheitlichen Preisgestaltung für die westdeutsche Landwirtschaft. Rr.

Aufbereitung der Blei/Zink-Schiefer

Einem Beitrag „Mechanisierung im Kupferbergbau" der „Wirtschaft" Nr. 14 vom 3. 4. 1958, S. 6, entnehmen wir über den gegenwärtigen Stand der Aufbereitung der kupfer-, blei- und zinkführenden Schiefer des Mansfelder Gebietes: In der Vergangenheit war die Schwertrübeaufbereitung nur für Erze bestimmter Zusammensetzung technisch und wirtschaftlich gelöst. Es wird seit Jahren daran gearbeitet, ein Verfahren für die Aufbereitung des gesamten Anfalls an Kupferschiefererzen zu finden. Als einzig mögliche Lösung wurde eine Kombination von Schwimm- und Sink-Trennung mit der Flotation erkannt. Im 3. Quartal soll die erste Versuchsanlage dieser Art im Sangerhausener Revier in Betrieb genommen werden. Es ist vorgesehen, die Lagen 1 bis 3 des Roherzes durch Schwimm- und Sinkverfahren abzutrennen und direkt an die Hütte zu liefern. Die Lagen 4, 5 und darüber werden flotiert werden. Sollte das Verfahren zu einer technisch befriedigenden Lösung führen, so wäre das von außerordentlicher Bedeutung für die Weiterentwicklung unserer Gewinnung an Buntmetallen.

„Es ist bekannt, daß im Mansfelder Raum viele Bergbau- und Hüttenhalden existieren. Bisher wurden rd. 3 Mio t festgestellt, die etwa 0,5% Cu, 0,8% Pb und 1,3% Zn, also insgesamt etwa 2,6% Buntmetall enthalten. Die Ausschlägehalden wachsen jährlich um rd. 100000 t. Daneben gibt es aber noch eine Vielzahl alter Halden, von denen bestimmte Partien auch merkliche Buntmetallgehalte aufweisen. Die Leitung der HV rechnet damit, etwa 10 Mio t vornehmlich Pb-Zn-führendes Haldenerz nachzuweisen.

Deshalb ist es besonders wichtig, auch diese Erze in die Aufbereitungsforschung einzubeziehen. Ein brauchbares Verfahren würde uns eine bemerkenswerte Rohstoffquelle an Pb und Zn und untergeordnet an Kupfer erschließen; das daraus erzeugte Buntmetall wäre relativ billig.

Die hohen SiO_2-Gehalte der stellenweise beachtlichen Sanderzmengen lassen zur Zeit eine Direktverhüttung nicht zu. Mit der Versuchsanlage ist es möglich, die gesamte Wirtschaftlichkeit der Sanderzgewinnung und -aufbereitung zu prüfen." E.

In den nächsten Heften

der

Zeitschrift

für angewandte Geologie

erscheinen u. a. folgende Beiträge:

A. SCHÜLLER: Die Bedeutung der Geologie beim Aufbau des neuen China

W. & R. REMY: Die Verteilung der Pflanzenfossilien auf die Flöze des Plötz-Löbejüner Stefan

M. RÖSELER: Kurzer Bericht über die Untersuchung von Kippenböden

K. WOJNAR: Ein Bohrgerät zur Gewinnung von Kernen in mürben und weichen Gesteinen

G. SCHULZE & H. SEYFERT: Der Bromgehalt an der Basis des Leinesteinsalzes und seine Beziehung zur Faziesdifferenzierung im Flöz Staßfurt

G. PRATZKA: Arbeitstagung über Fragen der Vorratsklassifikation

N. A. BELJAJEWSKI: Ergebnisse der Beratung über die Auswertung der Erfahrungen in der geologischen Kartierung und Vorerkundung

W. LANGBEIN & J. GESS: Kali-Symposium, Berlin 1958

D. A. SENKOW: Über die Genauigkeit der Erkundungsprofile

E. KAUTZSCH: II. Petrographischer Allunions-Kongreß der Sowjetunion in Taschkent

E. LANGE: Die Rohstofflage der Gaswirtschaft

J. POMPER & R. RUSKE: Erkundung von Kieslagerstätten im mitteldeutschen Raum

R. KÖHLER, A. THOMAS & R. REUTER: Ingenieurgeologische Arbeitsmethoden in der Sowjetunion

J. KUHL & J. WIDAWSKA: Über das Auftreten von Spurenelementen in den Blei-Zinkerzen der Schlesisch-Krakauer Trias

J. OTTEMANN: Spektrochemische Übersichtsanalyse mineralischer Rohstoffe und Darstellung ihrer Ergebnisse

N. B. WASSOJEWITSCH: Thesen zum Vortrag auf der Jubiläumssitzung des Gelehrten Rates des Wissenschaftlichen Forschungsinstituts für Erdölerkundung der UdSSR (WNIGRI) anläßlich des 40. Jahrestages der Sozialistischen Oktoberrevolution

F. KÖLBEL: Zur Stratigraphie und Erzführung des Zechstein 1 (Werra-Serie) in Südbrandenburg und in der Subsudetischen Zone

Bisher erschienene oder in Vorbereitung befindliche

Beihefte zur Zeitschrift GEOLOGIE

Heft 8: Prof. Dr. ARNO HERMANN MÜLLER
Die isolierten Skelettelemente der Asteroidea (asterozoa) aus der obersenonen Schreibkreide von Rügen
1953. 68 Seiten – 11 Tafeln – 17 × 24 cm – DM 7,–

Heft 9: Dr. KARL HELMUTH GRIBNITZ
Stratonomische Beobachtungen in den Magerkohlenschichten (Namur ob. C.) Westfalens
1954. 48 Seiten – 5 Tafeln – 17 × 24 cm – DM 4,50

Heft 10: Prof. Dr. KURD v. BÜLOW
Allgemeine Küstendynamik und Küstenschutz an der südlichen Ostsee zwischen Trave und Swine
1954. 88 Seiten – 4 Tafeln – 17 × 24 cm – DM 6,–

Heft 11: HEINZ PFEIFFER
Der Bohlen bei Saalfeld/Thüringen
1954. 88 Seiten – 9 Tafeln – 17 × 24 cm – DM 6,–

Heft 12: Dr. HELMUTH ZAPFE
Beiträge zur Erklärung der Entstehung von Knochenlagerstätten in Karstspalten und Höhlen
1954. 60 Seiten – 17 × 24 cm – DM 4,25

Heft 13: Dr. RUDOLF DABER
Pflanzengeographische Besonderheiten der Karbonflora des Zwickau-Lugauer Steinkohlenreviers
1955. 45 Seiten einschließlich 25 Tafeln – 6 Abbildungen – 17 × 24 cm – DM 6,–

Heft 14: Dr. GERHARD LUDWIG
Neue Ergebnisse der Schwermineral-Kornanalyse im Oberkarbon und Rotliegenden des südlichen und östlichen Harzvorlandes
1955. 76 Seiten – 6 Abbildungen – 1 Karte – 10 Tabellen – 17 × 24 cm – DM 6,–

Heft 15: Prof. Dr. KARL KEIL
Die Genesis der Blei-Zinklagerstätten von Oberschlesien (Gorny Slask-Polen)
1956. 63 Seiten – 27 Abbildungen – 17 × 24 cm DM 4,80

Heft 16: PETER ENGERT
Beiträge zur Stratigraphie und Tektonik des Elbtalschiefergebirges
1956. 72 Seiten – 6 Figuren – 16 Abbildungen – 3 Tafeln – 4 Tabellen – 17 × 24 cm – DM 6,–

Heft 17: Dr. ERNST HAMEISTER
Die geologische Entwicklung der Buckower Pforte (ein Beitrag zur jüngeren Talgeschichte Norddeutschlands)
1957. 46 Seiten – 25 Abbildungen – 17 × 24 cm DM 6,20

Heft 18: EWALD v. HOYNINGEN-HUENE
Die Texturen der subsalinaren Anhydrite im Harzvorland und ihre stratigraphische und fazielle Bedeutung
1957. 47 Seiten – 5 Abbildungen – 9 Bildtafeln – 5 Tabellen – 17 × 24 cm – DM 6,50

Heft 19: Dr. RUDOLF DABER
Parallelisierung der Flöze des Zwickauer und des Lugau-Oelsnitzer Steinkohlenreviers auf Grund paläobotanischer Untersuchungen
1957. 64 Seiten – 11 Abbildungen – 5 Bildtafeln 2 Einschlagtafeln – 17 × 24 cm – DM 9,80

Heft 20: Dr. ULRICH JUX & Dr. HANS D. PFLUG
Über Aufbau und Altersgliederung des Rheinischen Braunkohlenbeckens
1958. 48 Seiten — 11 Abbildungen — 17 × 24 cm — DM 8.20

Heft 21/22: Dr. WINFRIED KRUTZSCH
Mikropaläontologische (sporenpaläontologische) Untersuchungen in der Braunkohle des Geiseltales
In Vorbereitung

Heft 23: Dr. HANS HETZER
Feinstratigraphie, Sedimentationsverhältnisse und Paläogeographie des höheren Ordoviciums am Südostrand des Schwarzburger Sattels
In Vorbereitung

Bestellungen einzelner Hefte oder zur Fortsetzung durch eine Buchhandlung erbeten

AKADEMIE-VERLAG · BERLIN